DISSERTATION

ZUR

ERLANGUNG EINER WÜRDE

EINES DOKTOR-INGENIEURS

DER

TECHNISCHEN HOCHSCHULE

ZU BERLIN

VORGELEGT

AM 11. JANUAR 1921

VON

HERMANN HOFFMEISTER
DIPL.-ING.

AUS HAGEN I. W.

GENEHMIGT AM 1. JUNI 1921

1. BERICHTERSTATTER: HERR GEHEIMRAT H E Y N
2. BERICHTERSTATTER: HERR PROF. DR.-ING. S C H L E S I N G E R

DIE ARBEIT IST IN ERWEITERTER FORM UNTER „ENTWURF, FERTIGUNG UND VERWENDUNG DER SCHMIEDEGESENKE UND ABGRATSTANZEN" IN DER WERKSTATTSTECHNIK, JAHRG. 1921, HEFT 1—6, ERSCHIENEN.

Entwurf und Verwendung der Schmiedegesenke und Abgratstanzen.

Beitrag zur Kenntnis des Gesenkschmiedens unter Brettfallhämmern und Kurbelpressen.

ENTWURF UND VERWENDUNG DER SCHMIEDEGESENKE UND ABGRATSTANZEN

BEITRAG ZUR KENNTNIS DES GESENKSCHMIEDENS
UNTER BRETTFALLHÄMMERN UND KURBELPRESSEN

Springer-Verlag Berlin Heidelberg GmbH

ISBN 978-3-662-23743-4   ISBN 978-3-662-25842-2 (eBook)
DOI 10.1007/978-3-662-25842-2

Vorwort.

Aus dem umfangreichen Gebiet der Schmiedung soll im folgenden die Gesenkschmiedung unter Brettfallhämmern und Kurbelpressen behandelt werden.

Da einerseits die Literatur über Gesenkschmiedung sehr kärglich ist, anderseits aber ihre Kenntnis bei der stetig wachsenden Bedeutung dieses Arbeitsgebietes für wirtschaftliche Gesenkschmiedung von hoher Bedeutung ist, so hielt es der Verfasser für zweckmäßig, die von ihm während etwa viereinhalbjähriger Betriebstätigkeit gesammelten Erfahrungs- und Versuchswerte bekannt zu geben.

Die vorliegende Abhandlung enthält eine Zusammenstellung von Erfahrungswerten, die meistens so gewonnen wurden, daß bei Fehlschlägen in der Schmiedung schrittweise Verbesserungen vorgenommen wurden, bis das gewünschte Ziel erreicht war.

Unbedingt notwendige Versuche wurden mit den einfachen Hilfsmitteln der Werkstatt ausgeführt.

Diese Arbeit ist in erweiterter Form unter ,,Entwurf, Fertigung und Verwendung der Schmiedegesenke und Abgratstanzen" in der Werkstattstechnik, Jahrg. XV, Heft 1—6, veröffentlicht.

Literaturverzeichnis.

Mars, G., Die Spezialstähle.
Brearley-Schäfer, Die Wärmebehandlung der Werkzeugstähle.
Riedel, Über die Grundlagen zur Ermittlung des Arbeitsbedarfes beim Schmieden unter der Presse.
Pockrandt, Schmieden im Gesenk und Herstellen der Schmiedegesenke.
Schuchhardt und Schütte, Technisches Hilfsbuch.
Sobbe, C., Beiträge zur Technologie des Schmiedepressens, siehe Werkstattstechnik 1908 und ferner
Werkstattstechnik 1913, 1916, 1918.
Zeitschrift für praktischen Maschinenbau 1912, 1914.

Stoffgliederung.

	Seite
Vorwort	V
Schmiedung:	1
Gewöhnliche Schmiedung:	1
Gesenkschmiedung	1
„Fließen" des erhitzten Eisens bei Schmiedung durch Schlag	2
„Wachsen" des erhitzten Eisens bei Schmiedung durch Schlag	3
„Fließen" des erhitzten Eisens bei Schmiedung durch Druck	4
„Wachsen" des erhitzten Eisens bei Schmiedung durch Druck	5
Temperatur und Festigkeit des Eisens	5
Schwinden des erkaltenden Eisens	6
Gesenke:	6
Entwurf des Gesenkes:	7
Allgemeine Richtlinien	7
Entwurfeinzelheiten:	7
Gestaltung des Grates:	7
Gratnaht	7
Gratbildung	8
Gratstärke	10
Gratbegrenzung	11
Ausführung der Wände:	13
Neigung der Wände	13
Abrundung bei Übergängen	13
Ausführung der Rippen:	14
Neigung der Rippenwände	14
Abrundung bei Übergängen	17
Ausbildung der Stempel:	18
Länge der Stempel	18
Kopf der Stempel	18
Abschrägung der Stempel	20
Abrundung des Stempelfußes	21
Aushebevorrichtungen:	22
Aushebenuten	22
Auswerfer	22
Entlüftungen:	24
im Unterteil	24
im Oberteil	25
Achsendeckung des Gesenkober- und Unterteiles:	26
bei ebenen Oberflächen	26
bei Führungsleisten	27
bei Führungsringen	27
Aufhebung der Schubwirkung zwischen Gesenkober- und Unterteil	28
Vor- und Fertiggesenk	30
Haften der Prägestücke im Unterteil	30

	Seite
„Von der Stange schmieden"	31
Zuschnitt der Prägestücke	31
Gesenkabmessungen	32
Gesenkbefestigung	33
Bestimmung der Fallhammergröße	35
Schrumpfband	38
Ausbuchsen von Gesenken	39
Verwendung des Gesenkes:	40
Einbau des Gesenkes	40
Anwärmen des Gesenkes	40
Probeschmieden	41
Wartung des Gesenkes	41
Abgratstanzen:	42
Aufbau und Arten der Abgratstanzen	42
Entwurf der Abgratstanzen:	43
Allgemeine Richtlinien	43
Entwurfeinzelheiten	44
Geschlossene Stanzen:	44
Normung der Prägestückabmessungen	44
Schnittplatte	44
Fußplatte	45
Abstreifer	46
Klemmleiste	46
Grundplatte	46
Stempel	46
Stempelhalter	47
Halboffene und offene Abgratstanzen:	47
Schnittplatte	47
Fußplatte	48
Verwendung der Abgratstanzen	49

Schmiedung.

Gewöhnliche Schmiedung.

Mit jeder Schmiedung, die in ihrer einfachsten Art auf dem Amboß mit dem Hammer ausgeführt wird, ist eine Formänderung verbunden.

Ein bildsamer Körper werde nach Bild 1 zwischen zwei wagerechten Ebenen geschlagen, wodurch das „Fließen" des Stoffes in Richtung der vier widerstandsfreien Ebenen erfolgt und solange fortgesetzt werden kann, bis der Körper, bei annähernd gleichbleibendem Volumen und Verwendung derselben Maschinen, die kleinste erreichbare Höhe für die betreffende Maschinengröße angenommen hat.

Je nachdem die Schlagrichtung senkrecht zur Längsachse oder in Richtung dieser Achse erfolgt, spricht man vom Strecken bzw. vom Stauchen des Körpers.

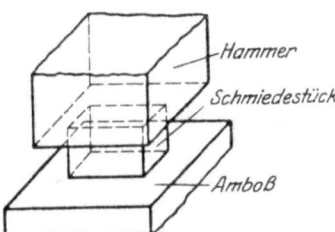
Bild 1. Gewöhnliche Schmiedung.

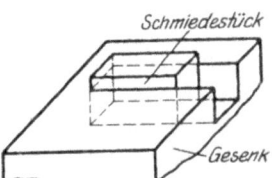
Bild 2. Gesenkschmiedung. „Fließen" des Werkstoffes.

Gesenkschmiedung.

a) Unter denselben Bedingungen für den bildsamen Körper bleibt das Fließen gewährleistet, wenn eine, zwei, drei oder mehrere senkrechte, teils den Körper berührende, teils entfernt liegende Flächen dem Fließen Widerstand entgegensetzen (Bild 2).

Das Fließen ist jedoch nur in bestimmter Richtung und Ausdehnung möglich; die ebene Fläche des Ambosses ist durch eine versenkte Form unterbrochen, also durch ein Gesenk ersetzt worden.

Ist der Körper reichlich bemessen, und ragt er über die Einarbeitung hinaus, so tritt beim Schlagen, außer dem Fließen bis zum gänzlichen Ausfüllen der Form, noch das Charakteristische des Gesenkschmiedens, nämlich die Gratbildung ein. Unbedingt notwendig ist diese jedoch nicht; denn überragt die Einarbeitungstiefe den gering bemessenen Körper und entspricht der Hammerquerschnitt genau dem Grundriß der Einarbeitung, so tritt nur Fließen ohne Gratbildung ein.

b) Der Körper sei so bemessen, daß er eine Einarbeitung im ebenen Amboß überdecke (Bild 3). Außer dem Fließen in Richtung der vier widerstandsfreien Ebenen, tritt eine Neuerscheinung, das „Wachsen" des Stoffes, auf, das einem Fließen in senkrechter Achse gleichkommt und sowohl abwärts als auch aufwärts erfolgen kann.

c) Außer der Einarbeitung, die von dem Körper überdeckt werde, seien noch Begrenzungen des Körpers in einer, zwei, drei oder vier der senkrechten Ebenen vorgesehen; jede Möglichkeit stellt die Verbindung der Fälle a und b dar.

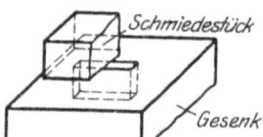
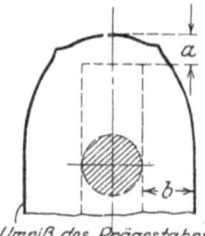

Bild 3. Gesenkschmiedung. „Wachsen des Werkstoffes".

Bild 4. „Fließen" des erhitzten Eisens bei Schmiedung durch Schlag.

Grundlegend für die Kenntnis des Gesenkschmiedens ist daher die Kenntnis des „Fließens" und des „Wachsens" bildsamer Körper.

Als bildsamer Körper soll fernerhin das erhitzte Eisen betrachtet werden.

„Fließen" des erhitzten Eisens bei Schmiedung durch Schlag.

Zur Kenntnis des „Fließens" des erhitzten Eisens durch Schlagschmiedung wurden Stäbe aus hartem Flußeisen von etwa 50—55 kg/mm² Festigkeit auf etwa 1100° C erhitzt und durch je einen Schlag auf die Längsachse unter einem Fallhammer mit 800 kg Bärgewicht zwischen eben und parallelliegendem Amboß und Bärflächen bei etwa 1,5 m Fallhöhe geschlagen. Die Stäbe waren etwa 100 mm lang und besaßen runden, quadratischen oder rechteckigen Querschnitt, mit etwa 10 bis 16 mm Dmr. bzw. 8 bis 17 mm Kantenlänge. Abmessungen solcher Stäbe vor und nach dem Schlagen und die Gestalt eines geschlagenen Stabes sind in Tafel 1 und Bild 4 wiedergegeben.

Tafel 1.

„Fließen" des erhitzten Eisens bei Schmiedung durch Schlag.

Lfd. Nr.	Festigkeit kg/mm²	Versuchskörper Abmessungen					Fließlänge		Verhältnis	Bemerkungen
		vor dem Schlagen	nach dem Schlagen							
		Querschnitt mm	Länge mm	Breite mm	Länge mm	Höhe mm	a mm	b mm	$\dfrac{b}{a}$	Bärgewicht: 800 kg. Fallhöhe: 1,5 m Temperatur des erhitzten Eisens etwa 1100° C. Anzahl der Schläge: je einer Maschine: Brett-Fallhammer.
1	50—55	○ 16⌀	100,7	56,0	119,0	3,3	9,15	20,0	2,18	
2	50—55	○ 10⌀	98,6	59,0	121,2	1,0	11,3	24,5	2,17	
3	50—55	○ 13⌀	99,5	57,2	120,9	1,8	10,7	22,1	2,06	
4	50—55	□ 8×8	97,7	36,2	112,5	1,8	7,4	14,1	1,91	
5	50—55	□ 17×8	102,0	60,2	124,2	2,3	11,1	21,6	1,95	

Die Ergebnisse waren bei allen Stäbchen von etwa 120 mm Länge angenähert dieselben. Das Verhältnis $\frac{b}{a}$, also des Streckens in Richtung der Querachse zum Strecken in Richtung der Längsachse, betrug etwa 2, und dies besagt, daß das Fließen in Richtung der Querachse schneller als in Richtung der Längsachse vonstatten geht.

Diese Kenntnis ist wesentlich für den Gesenkentwurf, um durch Hemmen des Fließens an einer Stelle das Fließen an anderer Stelle zu fördern, so daß bei geringstem Werkstoffverbrauch ein voll ausgeschlagenes Prägestück geliefert wird.

„Wachsen" des erhitzten Eisens bei Schmiedung durch Schlag.

Da das Wachsen des Werkstoffes in senkrechter Richtung, und zwar aufwärts und abwärts vor sich gehen kann, so wurden zu seiner Ergründung folgende Versuche angestellt:

1. Zylindrische Körper wurden in einem Gesenk unter einem Fallhammer geschlagen; das Unterteil war eben; das Oberteil erhielt eine Bohrung, in die der Werkstoff hineinwachsen sollte.

2. Gleiche zylindrische Körper wurden unter demselben Fallhammer in einem Gesenk geschlagen, dessen Oberteil eben war; das Unterteil erhielt dieselbe Bohrung wie vorher das Oberteil.

3. Gleiche zylindrische Körper wurden unter demselben Fallhammer in einem Gesenk geschlagen, dessen Ober- und Unterteil genau übereinanderliegende Bohrungen von gleichem Durchmesser erhielten.

Die Zylinder von 30 mm Dmr. und 48 mm Länge bestanden aus weichem und hartem Flußeisen von 30 bis 35 bzw. 50 bis 55 kg/mm² Festigkeit; sie wurden in allen Fällen auf eine Temperatur von etwa 1100° C erhitzt. Der Brettfallhammer hatte ein Bärgewicht von 600 kg und eine Fallhöhe des Bären von 2,0 m; die minutliche Schlagzahl betrug etwa 40.

Da es nicht möglich war, die Versuchskörper mit auch nur annähernd gleichmäßiger Temperatur in das Gesenk zu bringen, so schwankten die Ergebnisse der Versuchsgruppen 1 und 2 so sehr, daß sie zwar das Wachsen selbst, jedoch keine Gesetzmäßigkeit hierfür erkennen ließen.

Die Versuchswerte der 3. Gruppe sind in Tafel 2 zusammengestellt; sie gewähren Aufschluß über das Verhältnis des Wachsens abwärts und aufwärts. Das Wachsen ins Oberteil geht bei Eisen von 30 bis 50 kg/mm² Festigkeit etwa doppelt so schnell vor sich, wie im Unterteil. Diese Kenntnis ist für den Entwurf von Gesenken wesentlich, falls das Prägestück Rippen oder rippenartige Gebilde besitzt. Diese sind in allen Fällen im Gesenkoberteil zu schlagen. Erfordert das Prägestück sowohl im Oberteil als auch im Unterteil Rippen, so sind wiederum die höchsten Rippen in das Oberteil zu legen.

Das bessere Wachsen des Werkstoffes in das Oberteil dürfte durch die Schlagwirkung und durch die durch längere Berührung erfolgte Abkühlung am Unterteil bedingt sein.

Bemerkenswert ist die Erscheinung, daß bei allen Versuchszylindern der Werkstoff an der Oberfläche des Gesenkoberteiles ein besseres Fließen aufweist, als an der Oberfläche des Gesenkunterteiles (Bild 5).

Tafel 2.
„Wachsen" des erhitzten Eisens bei Schmiedung durch Schlag.

Lfd. Nr.	Versuchskörper Abmessungen Durchmesser mm	Versuchskörper Höhe mm	Festigkeit kg/mm²	Bohrungsdurchmesser im Gesenk mm	Höhe des Prägestückes im Oberteil ho mm	Höhe des Prägestückes im Unterteil hu mm	Verhältnis $\frac{ho}{hu}$	Bemerkungen
1	30	48	30—35	22,0	15,2	5,6	2,72	Bärgewicht: 600 kg. Fallhöhe: 2 m. Temperatur des erhitzten Eisens etwa 1100° C. Anzahl der Schläge: je einer Maschine: Brettfallhammer.
2	30	48	30—35	16,0	19,5	8,7	2,24	
3	30	48	30—35	19,6	16,0	6,6	2,42	
4	30	48	30—35	24,5	19,3	8,3	2,33	
5	30	48	30—35	10,0	9,8	4,2	2,33	
6	30	48	50—55	24,5	18,4	8,9	2,07	
7	30	48	50—55	16,0	10,3	5,0	2,06	
8	30	48	50—55	10,0	4,7	2,2	2,04	
9	30	48	50—55	16,0	9,6	5,0	1,92	

„Fließen" des erhitzten Eisens bei Schmiedung durch Druck.

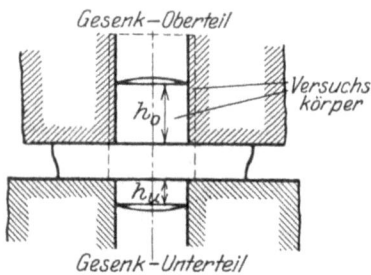

Bild 5. „Wachsen" des erhitzten Eisens bei Schmiedung durch Schlag.

Eisenstäbe von etwa 50 bis 55 kg/mm² Festigkeit wurden auf etwa 1100° C erhitzt und unter einer Kurbelpresse von 600 000 kg Enddruck gedrückt; die Hubhöhe dieser Presse betrug 100 mm und die Hubzahl 40 in der Minute.

Einige Versuchsergebnisse sind in Tafel 3 enthalten; sie unterscheiden sich von denen, die durch Fließen des erhitzten Eisens bei Schmiedung durch Schlag erhalten wurden, nur unwesentlich. Die Gestalt eines gedrückten Stabes war dem geschlagenen Stabe ähnlich.

Wie weitere Versuche aus Tafel 3a erkennen lassen, dürfte sich ergeben, daß der Inhalt von $\frac{b}{a}$ nicht von der Länge, wahrscheinlich aber vom Querschnitt abhängig ist.

Tafel 3.
„Fließen" des erhitzten Eisens bei Schmiedung durch Druck.

Lfd. Nr.	Festigkeit kg/mm²	Versuchskörper Abmessungen vor dem Drücken Querschnitt mm	Versuchskörper Abmessungen nach dem Drücken Länge mm	Versuchskörper Abmessungen nach dem Drücken Breite mm	Versuchskörper Abmessungen nach dem Drücken Länge mm	Versuchskörper Abmessungen nach dem Drücken Höhe mm	Fließlänge a mm	Fließlänge b mm	Verhältnis $\frac{b}{a}$	Bemerkungen
1	50—55	○ 10 ⌀	99,7	19,4	105	4,1	2,65	4,7	1,75	Kurbelpresse mit 600 000 kg Enddruck. Temperatur des erhitzt. Eisens etwa 1100° C.
2	50—55	○ 13 ⌀	100,1	29,4	108,4	4,7	4,15	8,2	1,97	
3	50—55	□ 8 × 8	100,9	16,6	105,5	3,8	2,3	4,3	1,87	
4	50—55	□ 13 × 13	100,1	32,6	111,3	5,6	9,8	1,75		

Tafel 3a.

„Fließen" des erhitzten Eisens bei Schmiedung durch Druck.

Lfd. Nr.	Festigkeit kg/mm²	Versuchskörper Abmessungen					Fließlänge		Verhältnis $\frac{b}{a}$	Anzahl d. Drucke	Bemerkungen
		vor dem Drücken Querschnitt mm	nach dem Drücken								
			Länge mm	Breite mm	Länge mm	Höhe mm	a mm	b mm			
1	50—55	9,5 ⌀	29,5	20,7	36,1	3,4	3,3	5,6	1,695	2	Maschine:
2	50—55	9,5 ⌀	49,5	22,2	56,7	3,2	3,6	6,35	1,76	2	Spindelpr.
3	50—55	9,5 ⌀	69,5	19	75,1	3,8	2,8	4,75	1,695	2	Temperatur
4	50—55	9,5 ⌀	89,5	18,2	94,5	4,2	2,5	4,35	1,74	2	des erhitzten
5	50—55	9,5 ⌀	109,5	18,3	114,4	4,1	2,45	4,4	1,795	2	Eisens: etwa
6	50—55	9,5 ⌀	129,5	16,7	133,8	4,6	2,15	3,6	1,673	2	1100° C.
7	50—55	10 ▱	30	20,5	36,4	4,7	3,2	5,25	1,64	1	
8	50—55	10 ▱	50	16	53,8	6,5	1,9	3	1,58	1	
9	50—55	10 ▱	70	14,4	72,8	7,3	1,4	2,2	1,57	1	
10	50—55	10 ▱	90	13,6	92,3	7,7	1,15	1,8	1,56	1	
11	50—55	10 ▱	110	14,3	112,7	7,6	1,35	2,15	1,59	1	
12	50—55	10 ▱	130	16,4	134	6,6	2	3,2	1,6	2	

„Wachsen" des erhitzten Eisens bei Schmiedung durch Druck.

Für die Durchführung dieser Versuche wurde das vorerwähnte Gesenk unter einer Kurbelpresse von 400 000 kg Enddruck benutzt. Die Hubhöhe dieser Presse betrug 100 mm und ihre minutliche Hubzahl 45. Als Versuchskörper wurden wiederum Zylinder von 130 mm Durchmesser und 48 mm Höhe bei einer Temperatur von 1100° C verwendet; Bild 6 stellt einen gedrückten Versuchskörper dar.

Die Versuchswerte sind in Tafel 4 zusammengestellt; es ergibt sich, daß, im Gegensatz zum Wachsen durch Schlag, durch Druckwirkung das Wachsen in dem Gesenkunterteil gefördert wird. Das Verhältnis des Wachsens im Unterteil zum Wachsen im Oberteil beträgt etwa 1,5; das Wachsen durch Druckwirkung ist daher ungünstiger als das Wachsen durch Schlagwirkung, sofern Brettfallhämmer und Kurbelpressen in Betracht kommen.

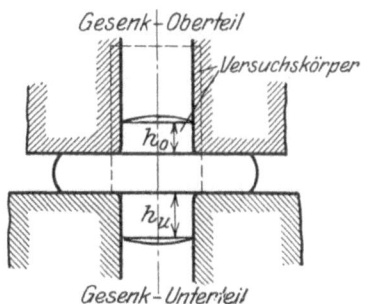

Bild 6. „Wachsen" des erhitzten Eisens bei Schmiedung durch Druck.

Schmiedung von Prägestücken mit Rippen ist folglich unter dem Fallhammer vorzuziehen; wird jedoch die Anwendung einer Presse erforderlich, so werden zweckmäßig die Rippen oder, wenn Rippen im Oberteil und Unterteil notwendig werden, die höheren Rippen im Unterteil vorgesehen.

Temperatur und Druckfestigkeit des Eisens.

Beim Schmieden im Gesenk wird die Bildsamkeit des erhitzten Eisens dazu benutzt, einen beliebig gestalteten Eisenkörper in eine bestimmte

Tafel 4.
„Wachsen" des erhitzten Eisens bei Schmiedung durch Druck.

| Lfd. Nr. | Versuchskörper | | | Bohrungs-durch-messer im Gesenk mm | Höhe des Prägestückes | | Verhältnis $\dfrac{hu}{ho}$ | Bemerkungen |
| | Abmessungen | | Festigkeit kg/mm² | | im Oberteil ho mm | im Unterteil hu mm | | |
	Durchmesser mm	Höhe mm						
1	30	48	30—35	24,5	7,0	10,5	1,5	Kurbelpresse mit
2	30	48	30—35	24,5	6,0	9,0	1,5	400 000 kg Enddruck.
3	30	48	50—55	24,5	7,0	10,0	1,43	Temperatur des erhitz-
4	30	48	50—55	24,5	10,5	15,0	1,43	ten Eisen etwa 1100°C.
5	30	48	50—55	24,5	6,0	10,0	1,66	
6	30	48	50—55	24,5	6,5	11,5	1,62	

Form zu bringen. Die nötige Formänderungsarbeit ist von der Druckfestigkeit des Eisens und diese von seiner Temperatur abhängig (Bild 7), und zwar derart, daß mit wachsender Temperatur die Druckfestigkeit abnimmt.

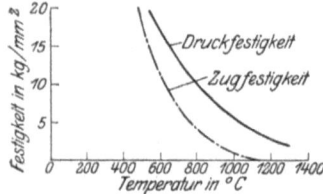

Bild 7. Temperatur-Festigkeits-Schaubild für Zylinder aus Flußeisen. (Druckgeschwindigkeit = 10 mm/sek.)
Entnommen: Riedel: Über die Grundlagen zur Ermittlung des Arbeitsbedarfes beim Schmieden unter der Presse.

Daher ist es wirtschaftlich, die Umformung des Eisens bei möglichst hoher Temperatur vorzunehmen, ohne aber bis zur Überhitzung zu gehen. Für die verschiedenen Arten des „schmiedbaren Eisens" kann als wirtschaftlichste Schmiedetemperatur angenommen werden, für:

1. Flußstahl von 50 kg/mm² und mehr Festigkeit } 1000 bis 1100°C
2. Schweißstahl von 42 kg/mm² und mehr Festigkeit
3. Flußeisen mit weniger als 50 kg/mm² Festigkeit } 1100—1200°C
4. Schweißeisen mit weniger als 42 kg/mm² Festigkeit

Schwinden des erkaltenden Eisens.

Das Eisen erfährt bei Temperaturerhöhung eine Ausdehnung, die entsprechend bei Temperaturabnahme wieder schwindet. Da die Prägestücke mit etwa 700 bis 800° C aus dem Gesenk kommen, so sind sie dem Schwinden unterworfen; um dieses zu berücksichtigen, müssen die Gesenke nach Schwindmaß hergestellt werden.

Als Mittelwert kann für das Schwinden 1,2 vH angenommen werden.

Gesenke.

Die einfachen Gesenkformen, wie sie bisher gekennzeichnet wurden, dienen zur Klarlegung der Vorgänge bei der Gesenkschmiedung. Um diese aber erfolgreich zu gestalten, ist außer der Kenntnis der Schmiedungsvorgänge, die Kenntnis der Grundlagen für den Entwurf und die Verwendung des Gesenkes notwendig. Soweit wie möglich, sollen diese an Fallhammergesenken dargelegt werden.

Die gleichen Erörterungen gelten auch für Gesenke, die unter Kurbelpressen verwendet werden sollen; zu berücksichtigen ist jedoch hierbei die umgekehrte Anordnung für die Rippenbildung.

Entwurf des Gesenkes.

Allgemeine Richtlinien.

Für den Entwurf eines Gesenkes ist außer der Konstruktionszeichnung oder dem Musterstück die Kenntnis der Bearbeitungsflächen und ihre Bearbeitungszugaben erforderlich. Als kleinste Zugabe soll für Hobeln, Stoßen, Fräsen, Bohren und Drehen eine Spannstärke von 2 mm gelten, um zu vermeiden, daß der spanabnehmende Stahl in der oberen mit Hammerschlag durchsetzten Kruste arbeitet; für Schleifen wird, wenn keine besondere Genauigkeit verlangt wird, kein Übermaß angenommen.

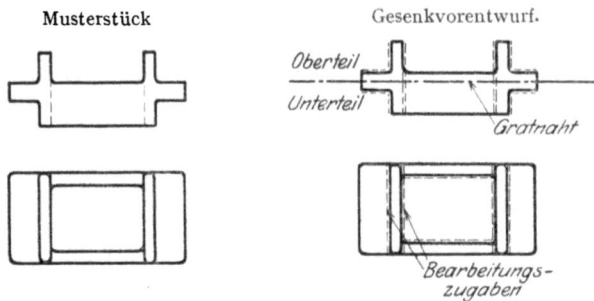

Bild 8.

An Hand der Unterlagen wird der Vorentwurf angefertigt und zwar derart, daß das Stück mit den Über- und Schwindmaßen aufgezeichnet und die Gratnaht angedeutet wird (Bild 8). Die Gratnaht gibt die Lage der Grenzflächen von Gesenkober- und -unterteil an; auf ihr baut sich die Gesenkzeichnung auf. Rippen oder rippenähnliche Gebilde kommen ins Oberteil zu liegen.

Zweckmäßig wird der Schnitt durch Gesenkober- und -unterteil auseinandergezogen gezeichnet, da diese Darstellung den Vorteil einer deutlichen Maßangabe und bei verzwickten Prägestücken eine gute Übersicht über die erforderlichen Prüflehren bietet. Aufsicht- und Schnittzeichnungen und eine Gesenkzusammenstellung vervollständigen den Entwurf.

Entwurfeinzelheiten.

Gestaltung des Grates. Gratnaht.

Beim Schlagen eines Prägestückes im Gesenk wird mit jedem Schlag der überflüssige Werkstoff zwischen den beiden Gesenkflächen nach außen gedrängt; er legt sich als Grat rings um das geprägte Stück und bildet an ihm die Gratnaht. Die Lage dieser Gratnaht muß bei den Entwurfarbeiten besondere Berücksichtigung finden, da sie:

1. eine Kontrollmöglichkeit für das Versetzen von Gesenkober- und -unterteil gewähren und
2. ein einfaches Gesenk und eine einfache Abgratstanze bedingen soll.

Grundsätzlich muß bei den Prägestücken die Gratnaht so gelegt werden, daß eine Kontrolle der genauen Achsendeckung von Gesenkober- und -unterteil möglich wird; denn beim Gesenkeinbau in den Fallhammer und während des Schlagens ergeben sich Unstimmigkeiten in den Achsenlagen, die am Prägestück unbedingt zu erkennen sein müssen.

In Bild 9 ist die Gratnaht in drei möglichen Lagen angedeutet. Im Falle a schneidet die Gratoberfläche mit der Oberfläche des Prägestückes ab. Es ist nicht ohne weiteres zu erkennen, um welchen Betrag sich die Gesenke gegeneinander versetzt haben. Dasselbe gilt auch von der Gratlegung nach b, wo die untere Fläche des Grates mit der unteren Fläche des Prägestückes bündig liegt. Wird dagegen die Gratnaht nach c gewählt, so ist das Versetzen von Gesenkober- und -unterteil sofort festzustellen.

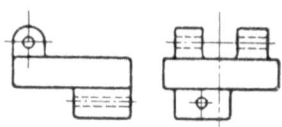

Bild 9.

Es ist daher zweckmäßig, bei allen Gesenken, die sowohl im Unter- als auch im Oberteil Einarbeitungen erhalten, die Gratnaht so zu legen, daß am Prägestück die Übereinstimmung der Achsen geprüft werden kann; dieses ist möglich, wenn das Maß e, die kleinste Einarbeitungstiefe, mindestens 2 mm beträgt. Ist jedoch nur im Unterteil eine Einarbeitung vorhanden und das Gesenkoberteil eben, so kann die Gratoberfläche mit der Oberfläche des Gesenkoberteiles fluchtend gelegt werden. Immerhin ist dies nicht empfehlenswert, da sehr leicht beim Abgraten ein scharfer, zackiger Grat entsteht, der abgeschliffen werden muß; in diesem Fall ist es vorzuziehen, bei Verkürzung der Einarbeitung im Unterteil, auch dem Oberteil eine Einarbeitung von etwa 2 mm zu geben.

Für die Gestaltung der Abgratstanzen ist die Lage der Gratnaht noch wichtiger; schlechte Lage der Gratnaht ergibt häufig vielgestaltige Abgratstanzen, wohingegen geschickte Wahl nicht allein wesentliche Vereinfachungen der Abgratstanzen, sondern auch der Gesenke selbst ergibt. Bei dem Prägestück nach Bild 10 kann der Grat sowohl in der Richtung der Längsachse, als auch senkrecht dazu durch den Kopf gelegt werden. Im ersteren Fall ist nicht nur die Fertigung der Abgratstanzen, sondern auch die des Gesenkes bedeutend schwieriger als im zweiten Falle, da alle diejenigen Arbeiten, die im zweiten Falle auf der Drehbank erledigt werden können, im ersten Falle im wesentlichen Handarbeit erforderlich machen.

Gratbildung.

Im Vergleich zum Prägestück besitzt der Grat einen geringen Rauminhalt bei verhältnismäßig großer Oberfläche. Infolge der dauernden Berührung mit der kalten Gesenkoberfläche tritt eine schnelle Kühlung des Grates ein, sodaß, infolge der dadurch verminderten Bildsamkeit des Stoffes, ein großer Teil der Schlagarbeit von dem Grat aufgenommen wird. Um die große Flächenberührung des Grates mit dem Gesenk zu vermindern, wurden die Oberflächen von Gesenkober- und -unterteil abgeschrägt (Bild 11) oder eine Gratrinne angebracht. Die abkühlende Wirkung der verkleinerten Gesenkoberflächen ist dadurch zwar herabgesetzt, aber durch einen neuen bedeutenden Nachteil erkauft worden. Die Temperatur des Grates ist immer erheblich niedriger, als die des Prägestückes. Aus dem Temperatur - Festigkeitsschaubild (Bild 12) ist ersichtlich, daß die Beanspruchung der vom Grate berührten Fläche relativ

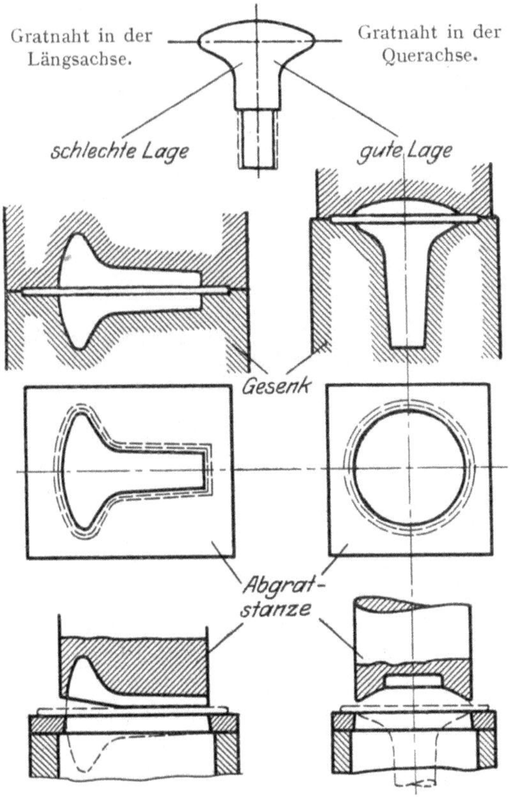

Bild 10. Lage der Gratnaht.

Gesenk mit abgeschrägten Oberflächen.

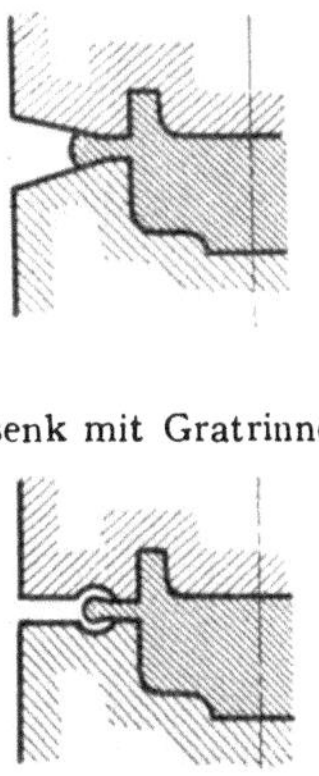

Gesenk mit Gratrinne.

Bild 11.

groß werden kann, zumal, wenn der Arbeiter das Schlagen bis zum Dunkelwerden des Grates ausführt. Die Folge davon ist, daß bei den verringerten Flächen die Kanten an der Einarbeitung nach innen gebördelt werden (Bild 13), wodurch das Prägestück im Gesenk fest eingestemmt wird. Je nachdem dies Verstemmen mehr oder weniger im Oberteil oder Unterteil geschieht, bleibt das Prägestück im Ober- oder Unterteil haften. Ein Nacharbeiten macht das Gesenk nur für kurze Zeit wieder brauchbar, und das Übel wiederholt sich recht bald.

Vorteilhaft ist es daher, den ganzen Grat die Oberfläche berühren zu lassen (Bild 12) und, um eine zu schnelle Wärmeabfuhr aus dem Grat zu vermeiden, diesen angemessen stark zu wählen. Da der kälteste Grat am weitesten von der Einarbeitung entfernt liegt, so werden die Kanten an der Einarbeitung weitestgehend geschont.

Gratstärke.

Bei reichlich bemessenem Grat tritt der Umstand ein, daß der Arbeiter nicht mehr die genaue Höhe des Prägestückes einzuhalten vermag. Um

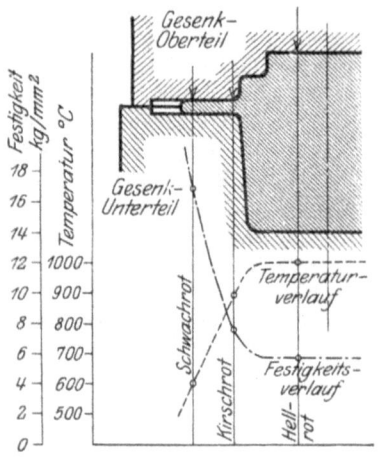

Bild 12. Temperatur-Festigkeitsschaubild.

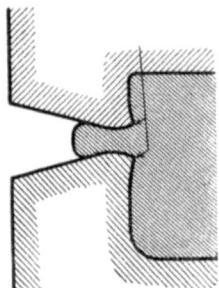

Bild 13. Gesenk mit eingebördelten Kanten infolge der Abschrägung der Oberflächen.

Tafel 5.
Gratstärke abhängig von der Gesenkoberfläche.

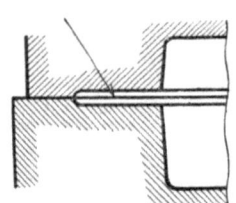

Bild 14. Gesenk mit Gratbahn.

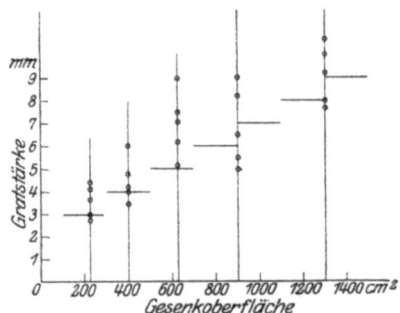

dies doch zu gewährleisten, wird der Grat in einer Gratbahn aufgefangen, sodaß Gesenkober- und -unterteil nach erreichtem Maße des Prägestückes aufeinanderschlagen (Bild 14).

Wenn auch Gratstärken von 1,5 mm erforderlich werden können, so sollte, wenn irgend möglich, als geringste Stärke 3 mm zugrunde gelegt werden; diese Gratstärke dürfte in allen Fällen ausreichend sein, in denen die Gesenkoberfläche etwa 200 cm² besitzt.

Es war wiederholt beobachtet worden, daß der Grat, je nach der Größe des Prägestückes, verschieden stark ausfiel. Um nun Aufklärung darüber zu erhalten, in welchem Maße diese Stärke von der Größe des Prägestückes und damit von der Gesenkoberfläche (S. 32) abhängig war, wurde die Gratstärke an möglichst regelmäßigen Körpern (Rotationskörpern), die Gesenke mit quadratischer Oberfläche bedingten, gemessen. Bei diesen Messungen wurde darauf geachtet, daß gleichmäßig zugeschnittener Werkstoff verwendet wurde, um nicht durch verschiedene Werkstoffmengen die Gratstärke zu beeinflussen. Die gefundenen Werte sind in Tafel 5 zusammengestellt und die Gratstärke als Funktion der Gesenkoberfläche festgelegt.

Für die Herstellung der Gratbahn wird je die Hälfte der Gratstärke im Gesenkober- und -unterteil eingelassen. Die Breite der Gratbahn ist abhängig von der gratbildenden Werkstoffmenge; als Annäherungswert kann hierfür die Hälfte der Wandstärke (S. 32) als Gratbahnbreite gewählt werden.

Gratbegrenzung.

Obschon es in den meisten Fällen ratsam ist, die Gratflächen so groß wie möglich zu wählen, um dem Fließen des Grates den geringsten Widerstand entgegenzustellen, so können dennoch Umstände eintreten, die zweckmäßig das Fließen des Grates in einer Richtung hemmen sollen.

Vor allem werden es Gründe wirtschaftlicher Art sein, das Fließen des Grates an einer Stelle zu hemmen, um das Fließen des Werkstoffes nach einer anderen Richtung hin zu fördern, sodaß bei geringstem Werkstoffverbrauch das Prägestück voll ausgeschlagen wird. Bild 15 zeigt zunächst ein Gesenk mit gewöhnlicher Gratbahn. An der Stelle a wird der Werkstoff gepreßt und erstreckt sich in Richtung der Längs- und Querachse. Dadurch, daß dem Fließen des Grates in der Längsrichtung kein Halt (Abb. 15A) geboten wird, fehlt in dem rechten und linken Lappen (xx) Werkstoff, sodaß das Prägestück nicht vollständig wird, es sei denn, daß Werkstoff von größerem Querschnitt gewählt würde. Ferner ist in dem Bilde als Gratbegrenzung eine

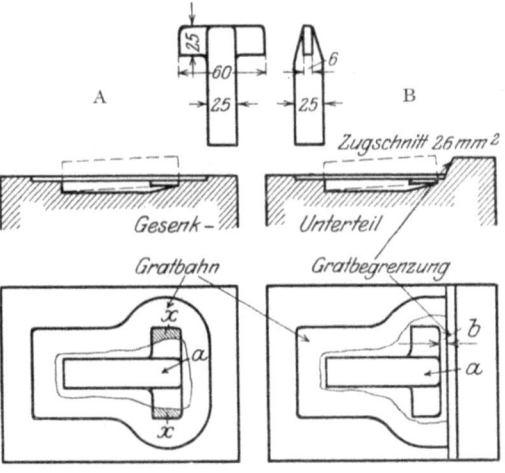

Bild 15. Gratbegrenzung.

Gratleiste (Abb. 15B) gekennzeichnet; der Werkstoff des sich bildenden Grates stößt dagegen, wird gezwungen seitwärts auszuweichen und füllt so das Prägestück voll aus.

Die Entfernung der Gratleiste von der Ausarbeitung muß so bemessen sein, daß eine genügende Auflagefläche des Grates für die Abgratstanze entsteht; 5 bis 8 mm werden in allen Fällen hierfür ausreichend sein (Höhe und Neigung der Gratleiste siehe S. 27).

Zeichnung 1 läßt die Gestaltung des Grates erkennen. Dieser legt sich in einer durch die Griffe gehenden Ebene um das Prägestück, sodaß, bei guter Kontrollmöglichkeit für das Versetzen des Gesenkober- und -unterteiles in der Querachse des Gesenkes, die Herstellung von Gesenk und Stanze verhältnismäßig einfach wird.

Für die Bildung des Grates ist rings um das Prägestück die Gratbahn b gelegt, die den überflüssigen Werkstoff aufnimmt. Sobald das Prägestück

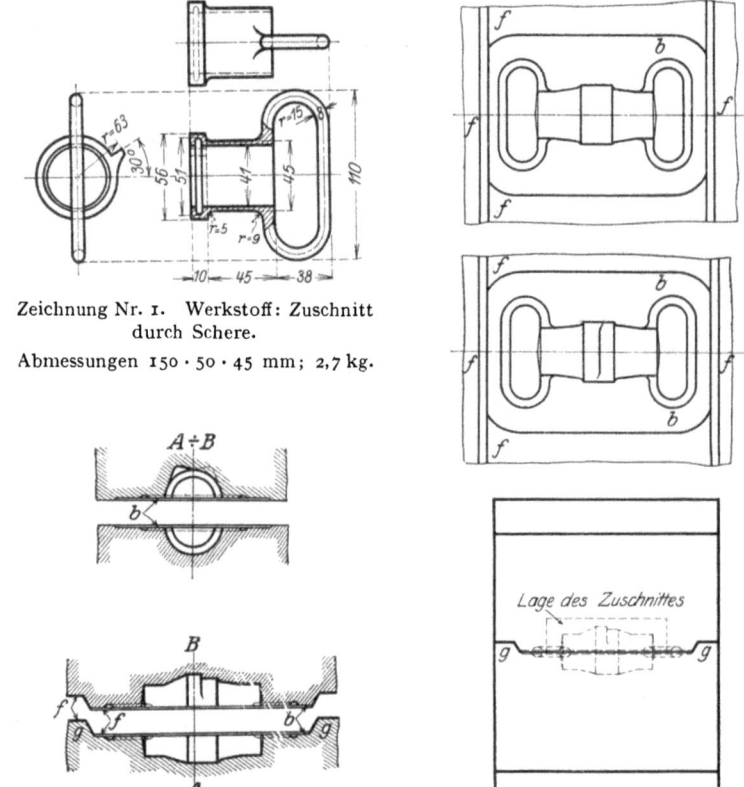

Zeichnung Nr. 1. Werkstoff: Zuschnitt durch Schere.

Abmessungen 150 · 50 · 45 mm; 2,7 kg.

die genaue Stärke erhalten hat, schlagen die Flächen f mit leicht erkennbarem Klange aufeinander.

Die Gesenkabmessungen von etwa 250 und 300 mm Kantenlänge würden nach Tafel 5 etwa 6 mm Gratstärke bedingen, die jedoch mit Rücksicht auf den Querschnitt des Handgriffes von 8 mm Dmr. nur zu 2,5—3 mm gewählt werden kann, damit die Form des Griffes ausgeprägt wird.

Bei der Bildung des Grates muß die Gratbegrenzung durch die beiden Gratleisten g besonders berücksichtigt werden, damit das Prägestück mit der kleinstmöglichen Werkstoffmenge ausgeschlagen werden kann. Die Gratleisten g zwingen den Werkstoff seitlich auszuweichen und die Form gänzlich auszufüllen.

Ausführung der Wände.

Neigung der Wände.

Um die Prägestücke leicht aus dem Gesenk herausbringen zu können, wird es notwendig, alle zur Gesenkoberfläche senkrechten Wände geneigt (verjüngt) auszuführen, und für ein leichtes Loslösen des Oberteiles vom Prägestück wird die Neigung im Oberteil etwas größer gewählt als im Unterteil. Wird dieses nicht berücksichtigt und die Neigung im Ober- und Unterteil gleich oder erstere gar kleiner gewählt, so tritt, zumal bei Körpern, deren Gesenkeinarbeitungen im Ober- und Unterteil angenähert gleiche Wandoberflächen haben, der Fall ein, daß das Prägestück nach dem 1. Schlage mit dem Gesenkoberteil hochgerissen und bei Unachtsamkeit des Hammerführers bei dem nächsten Schlag zerschlagen wird; ebenfalls gehört es nicht zu den Seltenheiten, daß das Prägestück im Oberteil haften bleibt und aus über 2 m Höhe mit Hammer und Meißel gelöst werden muß, falls der Hammer keine Bärhaltevorrichtung in Brusthöhe des Arbeiters besitzt.

Gut bewährt hat sich als Mindestneigung für das Unterteil 5° und für das Oberteil 7°. Die geringere Neigung der Wände im Unterteil ist also nur aus dem Grunde angebracht, um das Haften des Prägestückes im Unterteil zu sichern.

Abrundung bei Übergängen.

Überall, wo Flächen aneinandergrenzen, müssen scharfe Übergänge vermieden und Abrundungen vorgesehen werden, da diese wesentlich die Lebensdauer eines Gesenkes bedingen (Bild 16). Fallen die Abrundungen zu klein aus, so entstehen sehr bald in ihnen kleine Risse, die sich immer mehr erweitern und bald bis zu 2 oder 3 mm klaffen. Da der bildsame Stoff in diese Risse eindringt, können diese Prägestücke nur noch unter großen Schwierigkeiten ausgehoben werden. Zum Notbehelf können diese Risse zwar verstemmt werden; doch nach ganz kurzer Zeit zeigen sich die gleichen Risse wieder, und das Gesenk wird in kurzer Zeit unbrauchbar.

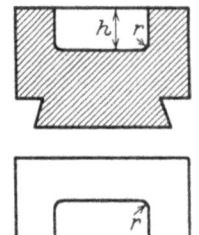

Bild 16. Abrundungen bei Übergängen.

Den großen Einfluß einer guten Abrundung zeigt folgendes Beispiel:

Ein Gesenkunterteil mit etwa 85 mm tiefer Einarbeitung hatte durch ein Versehen der Werkstatt scharfe Ecken erhalten. Nach etwa 5 Prägestücken zeigten sich feine Risse in den Ecken, und nach 90 Stücken sprang das Gesenk vollständig auseinander. Das neu angefertigte Gesenk mit denselben Blockabmessungen und vorgeschriebenen Abrundungen lieferte dagegen 1550 Prägestücke; nach dieser Zahl bildeten sich vereinzelte Risse, die aber erst nach weiteren 150 Stück das Gesenk unbrauchbar machten.

Um zweckmäßige Abrundungswerte zu ermitteln, wurden an einer Anzahl von Gesenken, die besonders gut gehalten hatten, die Abrundungen geprüft; es ergab sich die Möglichkeit, diese Abrundungen als Funktion der Einarbeitungstiefen festzulegen.

In Tafel 6 wurden sie zusammengestellt.

Ein gutes Beispiel für die Ausbildung der Wandneigung der Einarbeitung im Gesenkober- und -unterteil bietet der Körper nach Zeichnung 2. Obschon die Einarbeitung im Gesenkoberteil niedriger ist, als die im Unterteil, und ursprünglich die Neigung in beiden Gesenkteilen gleich gehalten war, so neigte das Prägestück bei den ersten Schlägen leicht zum Haften im Ober-

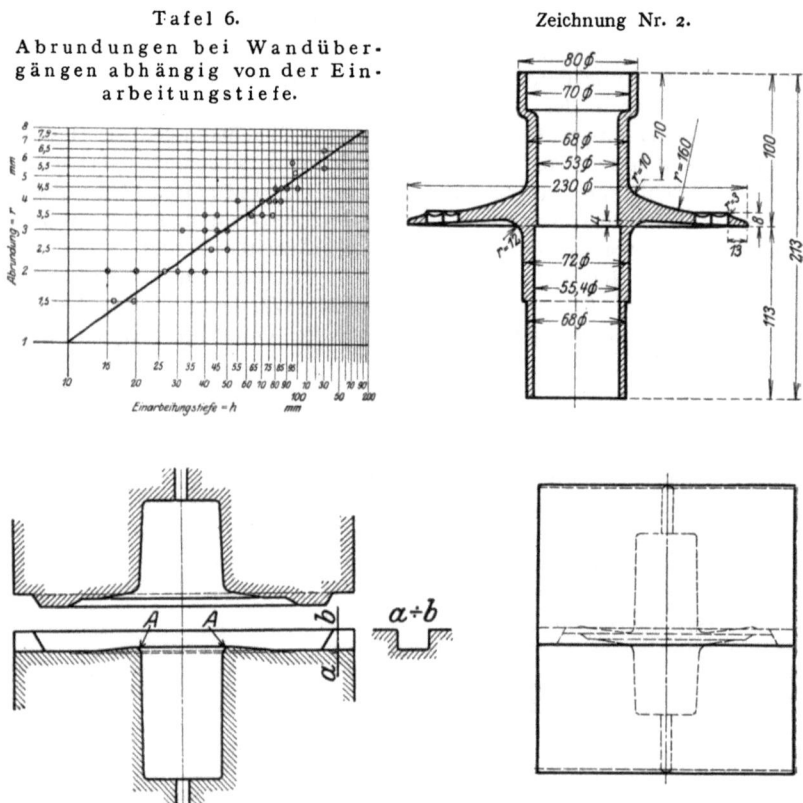

Tafel 6. Abrundungen bei Wandübergängen abhängig von der Einarbeitungstiefe.

Zeichnung Nr. 2.

teil. Sobald jedoch die Wandneigung im Oberteil vergrößert wurde, blieb das Prägestück einwandfrei im Unterteil haften.

Zu klein gewählte Abrundungen machten sich besonders an den Stellen A dadurch bemerkbar, daß hier nach kurzer Zeit Risse entstanden. Auf weitere Eigenarten dieses Gesenkes wird später verwiesen.

Ausführung der Rippen.

Neigung der Rippenwände.

Die Neigung von 7° auf Rippen im Oberteil angewendet, ergab ein einwandfreies Ausschlagen des Prägestückes, solange die Rippenhöhe h (Bild 17) die Rippengrundbreite b nicht überschritt. Sobald h aber größer als $1,5\,b$ wurde, blieben die oberen Ecken der Rippen unausgeschlagen, und bei h größer als $2\,b$, wuchsen die Rippen nicht mehr zur ganzen Höhe aus. Diese Übelstände konnten durch Abmessungen, wie sie in Tafel 7 enthalten sind, beseitigt werden.

Für Rippen im Gesenkunterteil liegen die Verhältnisse ungünstiger. Durch die dauernde Berührung der verhältnismäßig großen Oberfläche der

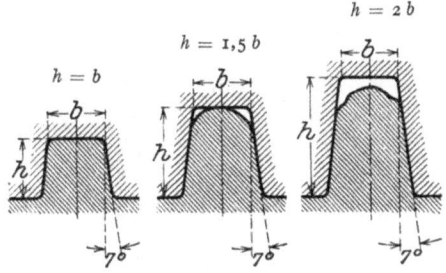

Bild 17. Neigung der Rippenwände im Gesenkoberteil.

Tafel 7.
Neigung der Rippenwände im Gesenkoberteil (Bild 17)

α = Neigung der Rippenwand.
b = Grundbreite der Rippen.
h = Höhe der Rippe.

$\alpha \cong 7°$, für $h = b$,
$\alpha \cong 10°$, für $h > b < 2\,b$,
$\alpha \cong 13°$, für $h > 2\,b < 3\,b$,
$\alpha \cong 16°$, für $h > 3\,b < 4\,b$.

Rippen des Werkstoffes mit dem Gesenk wird dem Werkstoff fortwährend Wärme entzogen. Die schnelle Abkühlung der Rippen bedeutet aber eine verminderte Bildsamkeit des Stoffes an diesen Stellen, sodaß nicht allein aus Gründen der Schlagwirkung, sondern auch wegen der verminderten Bildsamkeit infolge Temperaturerniedrigung, alle Rippen möglichst ins Oberteil zu legen

Tafel 8.
Neigung der Rippenwände im Gesenkunterteil (Bild 18).

$\alpha_1 + \alpha_2 \cong 20°$, für $h = b$,
$\alpha_1 + \alpha_2 \cong 27°$, für $h > b < 2\,b$,
$\alpha_1 + \alpha_2 \cong 35°$, für $h > 2\,b < 3\,b$.

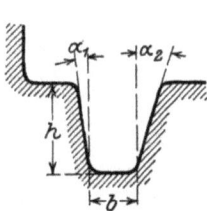

Bild 18. Neigung der Rippenwände im Gesenkunterteil.

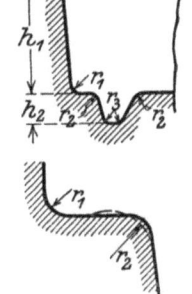

Bild 19. Abrundung bei Übergängen.

sind. Immerhin können Fälle eintreten, daß Rippen gleichzeitig im Ober- und Unterteil geschlagen werden müssen. Für Rippen im Unterteil (Bild 18) sind dann reichliche Neigungen zu wählen, damit die Rippen vollständig ausgeschlagen werden. Erprobte Werte sind in Tafel 8 zusammengestellt.

Die Neigungen α_1 und α_2 können für Ober- und Unterteil gleich oder verschieden gewählt werden.

Zeichnung Nr. 3.

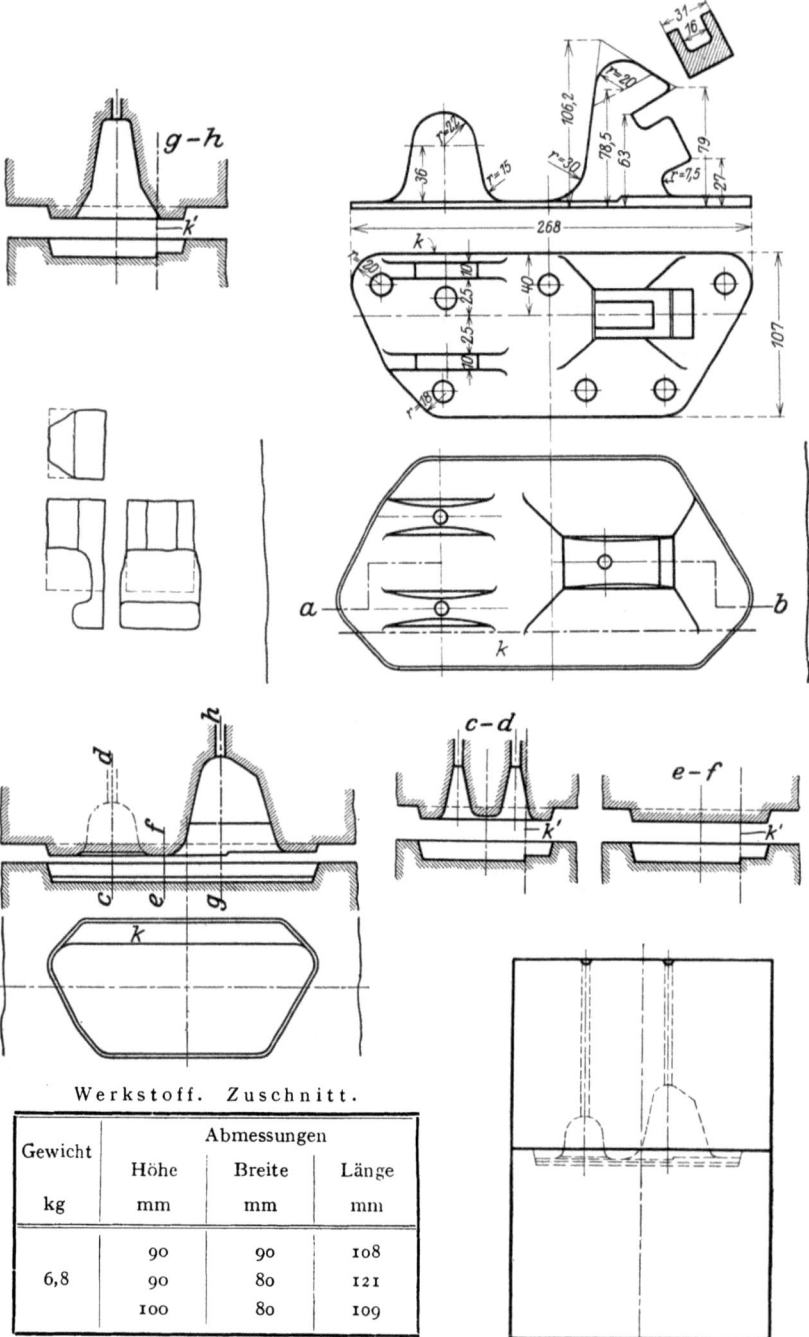

Werkstoff. Zuschnitt.

Gewicht	Abmessungen		
	Höhe	Breite	Länge
kg	mm	mm	mm
6,8	90	90	108
	90	80	121
	100	80	109

Abrundungen bei Übergängen.

Werden Flächen durch Rippen unterbrochen (Bild 19) so werden diese als Einarbeitung für sich aufgefaßt und für die Bestimmung der Abrundung r_3 die Rippenhöhe h_2 als Einarbeitungshöhe zugrunde gelegt (Tafel 6).

Die Übergänge r_2 erhalten ungefähr den doppelten Abrundungswert r_1, da es sich gezeigt hatte, daß die normale Abrundung nach längerem Gebrauch des Gesenkes sich nach Bild 19 abgeändert hatte; die neue Abrundung entsprach etwa dem doppelten Normalwert.

Zeichnung Nr. 4.   Werkstoff.
Zuschnitt durch Kaltsäge.

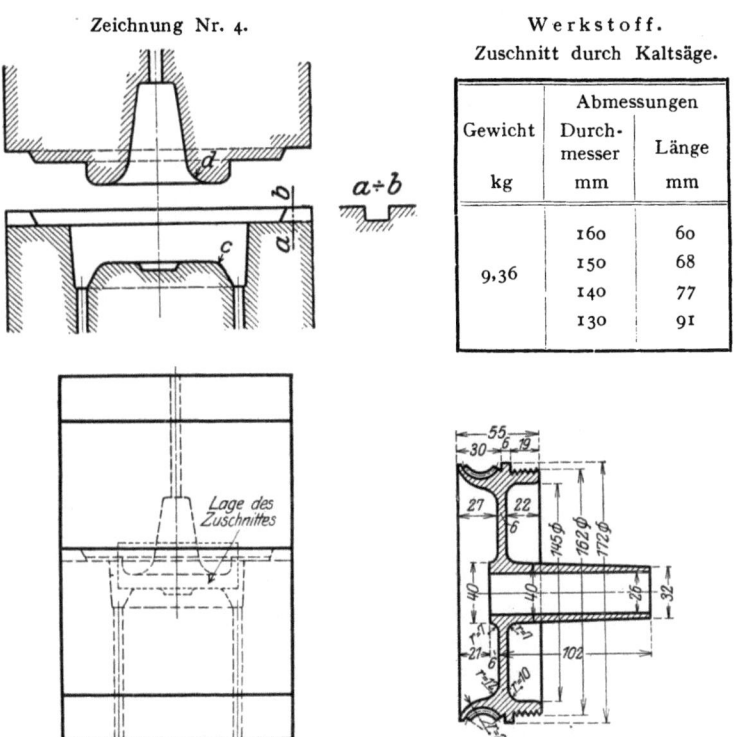

Gewicht	Abmessungen	
	Durchmesser	Länge
kg	mm	mm
9,36	160	60
	150	68
	140	77
	130	91

Ein eigenartiges Prägestück ist in Zeichnung 3 wiedergegeben:

Auf einer ebenen, schwachen Grundplatte erheben sich verhältnismäßig hohe rippenartige Gebilde. Nach dem Grundsatz der Gesenkschmiedung unter Fallhämmern mußten diese im Oberteil geschlagen werden. Für das Gesenkunterteil wäre infolge der glatten Grundplatte eine ebene Oberfläche ausreichend gewesen. Um jedoch ein gutes Auswachsen der Rippen zu gewährleisten, ergab sich die Notwendigkeit, einerseits den Werkstoff am seitlichen Ausweichen zwischen Gesenkober- und -unterteil möglichst zu hindern und anderseits das Prägestück bei der zweiten Hitze in die genaue ursprüngliche Lage zurückzubringen. Durch eine Einarbeitung im Unterteil von 20 mm Tiefe wurde beides einwandfrei erreicht.

Bei dieser Einarbeitung im Unterteil ist noch folgendes beachtenswert: An der Stelle k erhebt sich hart am Rand der Grundplatte eine der rippenartigen Erhöhungen. Die Art ihrer Einarbeitung im Oberteil ist aus Schnitt c—d ersichtlich. Würde die Einarbeitung des Unterteiles nur bis zur erforderlichen Breite ausgeführt sein, so hätte der Werkstoff an der Stelle k zwischen Gesenkober- und Unterteil entweichen können. Die Erweiterung rechts von der Kennlinie k (Schnitt c—d) gestattete dagegen die Anwendung einer Gratleiste, sodaß das Entweichen des Grates beim Schlagen verhindert wurde.

Für Rippenbildung im Unterteil dient Zeichnung 4 als Beispiel. Die Neigung und Abrundung bei c muß genügend groß gewählt werden, andernfalls das Prägestück nur sehr schwer voll ausgeschlagen werden kann, und das Gesenk an dieser Stelle starke Risse bekommt.

Ausbildung der Stempel.

Länge der Stempel.

In dem Gesenk nach Bild 20 soll eine geschlossene Hülse (gestrichelt gezeichnet) geschlagen werden. Falls die Bodenstärke des Prägestückes so bemessen ist, daß eine merkliche Abkühlung durch den Boden vermieden wird, arbeitet der Stempel dauernd einwandfrei. Ist dagegen der Stempel zu lang, also die Bodenstärke, relativ genommen, zu klein, so wird der Stempel nach ganz kurzer Zeit sich anstauchen und im Prägestück festklemmen. Entweder bleibt das Prägestück am Stempel haften und wird aus dem Unterteil hochgezogen, oder der Stempel reißt aus dem Oberteil los und bleibt mit dem Prägestück im Unterteil sitzen. In beiden Fällen bietet die Entfernung des Stempels große Schwierigkeiten.

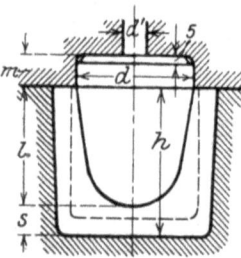

Bild 20. Stempel.

An einer Anzahl von Gesenken, die mit Stempeln ausgerüstet waren und ein einwandfreies Arbeiten des Stempels gezeigt hatten, wurde die verbleibende Bodenstärke s untersucht und zur Einarbeitungstiefe h in Beziehung gebracht. In Tafel 9 sind diese Werte zusammengestellt. Es ergibt sich als einfache Beziehung:

$$s = 0{,}16\,h + 3$$

Als Stempellänge l kommt daher in Frage:

$$l = h - s = h - (0{,}16\,h + 3)$$
$$l = 0{,}84\,h - 3 \text{ mm}$$

Kopf der Stempel.

Der Stempel wird in das Gesenkoberteil eingelassen und durch Reibung festgehalten. Als Übermaß für den Durchmesser kommen die Normen der Grenzmaße für normale Bohrung, und zwar für Preßsitz zur Anwendung; sie sind in Tafel 10 wiedergegeben.

Eine brauchbare Höhe des Stempelkopfes wurde schrittweise durch Versuche ermittelt. Erwies sich die zunächst angenommene Höhe als nicht ausreichend, d. h. wurde der Stempel beim Schlagen ohne erkennbare Ursache herausgerissen, so wurde durch Höhenvergrößerung allmählich das erforderliche Maß bestimmt.

Tafel 9.
Bodenstärke abhängig von der Einarbeitungstiefe.

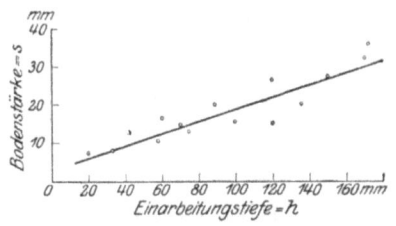

Tafel 10.
Übermaße für den Stempelkopfdurchmesser.

Bohrung im Gesenkoberteil mm	Übermaße des Stempelkopfes mm
19—30	0,035
31—48	0,04
49—75	0,05
76—115	0,06
116—175	0,08
176—265	0,10

Eine Anzahl von Stempeln, die den Anforderungen entsprachen, wurden untersucht, und es gelang, die Kopfhöhe in Beziehung zu bringen zur Stempellänge plus Stempeldurchmesser. Diese Abhängigkeit ist in Tafel 11 zusammengestellt.

Tafel 11.
Höhe des Stempelkopfes abhängig von Stempellänge und Stempeldurchmesser.

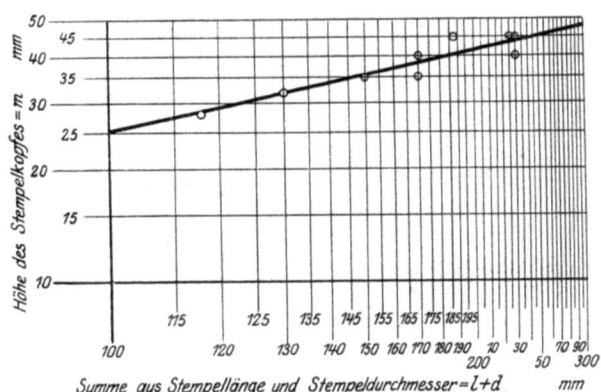

Der Stempelkopf wird so ausgebildet, daß die Kopffläche sicher zur Anlage kommt (Bild 20); die Ausdrehung im Gesenk erhält am Grunde eine Abrundung von etwa 3 mm Halbmesser und der Stempelkopf eine 5 mm breite Abschrägung unter 45°.

Da häufig der Fall eintritt, gebrauchte Stempel zu erneuern, so ist es zweckmäßig, von vornherein Austreibelöcher vorzusehen, deren Durchmesser nach Tafel 12 gewählt werden können.

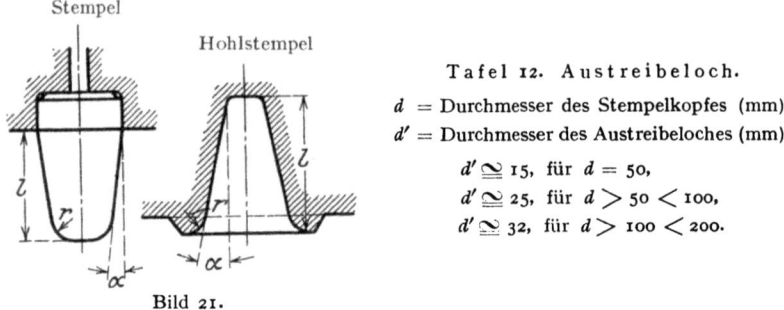

Bild 21.

Tafel 12. Austreibeloch.
d = Durchmesser des Stempelkopfes (mm)
d' = Durchmesser des Austreibeloches (mm)
$d' \simeq 15$, für $d = 50$,
$d' \simeq 25$, für $d > 50 < 100$,
$d' \simeq 32$, für $d > 100 < 200$.

Abschrägung der Stempel.

Bei zylindrischen Stempeln geht das Wachsen des Werkstoffes äußerst schwer vor sich, und nur durch größere Anzahl von Hitzen kann das Schmiedestück ausgeschlagen werden. Aus wirtschaftlichen Gründen ist aber anzu-

Tafel 13.
Stempelabschrägung abhängig von der Stempellänge.

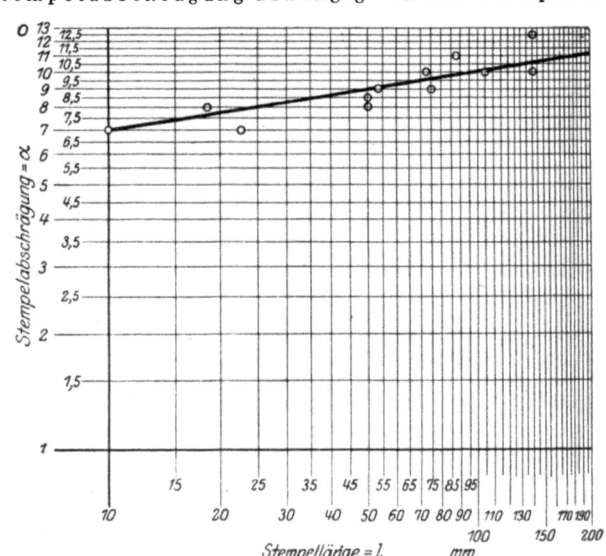

streben, jedes Prägestück mit möglichst 2 Hitzen voll auszuschlagen; um dies zu erreichen, müssen die Stempel abgeschrägt ausgeführt werden. (Bild 21). An bewährten Stempeln wurde die Neigung α gemessen; ihre Werte sind in Tafel 13 zusammengestellt und zeigen eine Abhängigkeit von der Stempellänge.

Abrundung des Stempelfußes.

Bei Stempeln und Hohlstempeln trägt ebenfalls die Abrundung des Fußes wesentlich zum Wachsen des Werkstoffes bei. (Bild 21). Kleine

Tafel 14.
Abrundung des Stempelfußes abhängig von der Stempellänge.

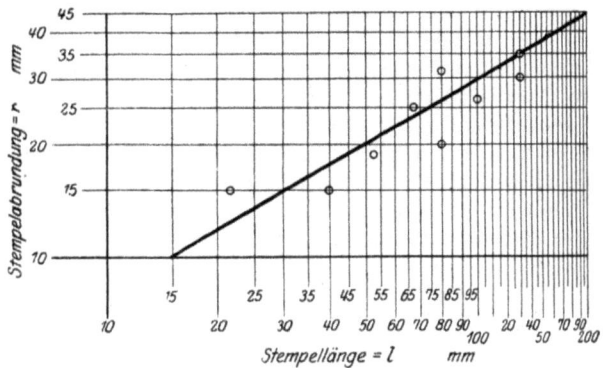

Zeichnung Nr. 5.

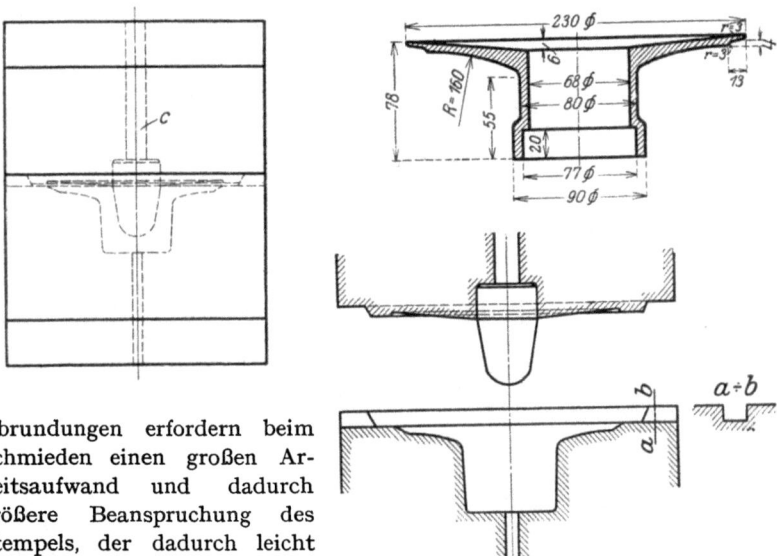

Abrundungen erfordern beim Schmieden einen großen Arbeitsaufwand und dadurch größere Beanspruchung des Stempels, der dadurch leicht zum Stauchen neigt.

Abrundungen, die sich gut bewährt haben, sind in Tafel 14 abhängig von der Stempellänge wiedergegeben.

Die Ausbildung von Stempeln lassen die Zeichnungen 4 und 5 erkennen. Zeichnung 4 stellt einen Hohlstempel dar, dessen Abrundung bei d reichlich gewählt werden mußte, um einerseits gutes Wachsen des Werkstoffes zu erzielen und anderseits eine Formveränderung des Gesenkes (nach Bild 19) an dieser Stelle zu vermeiden.

Aus Zeichnung 5 ist der Einbau eines Stempels und die Anbringung eines Austreibloches c ersichtlich.

Aushebevorrichtung.

Je nach der Form der Einarbeitung bereitet das Ausheben des Prägestückes mehr oder weniger große Schwierigkeiten. Am einfachsten gestaltet sich das Ausheben bei Prägestücken, die im Unterteil flach eingearbeitet sind und im Oberteil Warzen, Rippen usw. besitzen; mittels Zange lassen sich diese Stücke leicht aus dem Gesenk ausheben. Fehlen solche Ansätze oder sind sie zu klein, um mit der Zange gefaßt werden zu können, so werden diese Stücke mit dem Meißel so weit ausgehoben, daß die Zange untergreifen kann: der Meißel wird an eine Gratkante angesetzt und durch Hammerschläge unter den Grat getrieben, wodurch das Prägestück gelockert und gehoben wird.

Aushebenuten.

Bei der Führungsleiste und dem Führungsring (S. 27) ergibt sich häufig die Schwierigkeit, den Meißel genügend flach ansetzen zu können. Um diesem Übelstande abzuhelfen, werden zweckmäßig Nuten angebracht (Bild 22), die durch die Führungsleiste oder durch den Führungsring in der Tiefe der unteren Gratfläche ausgefräst werden.

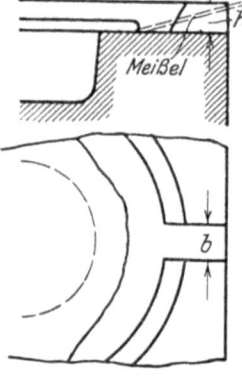

Bild 22. Aushebenuten.

Tafel 15.
Aushebenuten.

Kantenlänge des Gesenkes mm	Schräge der Führung α Grad	Höhe der Führung h mm	Breite der Nute b mm
bis 200	60	10	20
200—300	60	15	30
300—450	60	20 (vgl. Tafel 18.)	40

In dieser Nut kann man unter jedem Winkel den Meißel heranführen. Um auch bei größeren Stücken an beiden Seiten des Hammers oder der Presse das Ausheben vornehmen zu können, wird zweckmäßig die Nut in der ganzen Längsachse durchgeführt. Für die Nutenbreite verwendete Maße sind in Tafel 15 zusammengestellt:

Auswerfer.

Wird ein Prägestück etwa nach Bild 23 versenkt geschlagen, und bedarf es zum Fertigschlagen mehr als einer Hitze, so wird das Prägestück nach dem ersten Schlagen noch nicht oder doch nur sehr wenig über den Rand der Einarbeitung gewachsen sein.

Weder mit Zange noch Meißel wird es sich herausnehmen lassen; es muß also eine Aushebevorrichtung angebracht werden, die so tief wie möglich liegt, um das nicht voll ausgeschlagene Prägestück leicht ausheben zu können.

Eine derartige Aushebevorrichtung stellt der Auswerfer nach Bild 24 dar, der durch einen Keil gehoben wird.

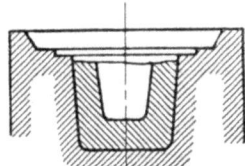

Bild 23. Ein unvollständiges Prägestück, das sich schwer ausheben läßt.

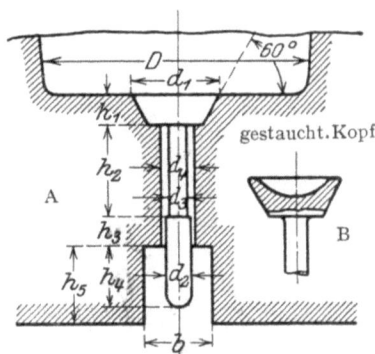

Bild 24. Auswerfer.

Nach vielen Versuchen wurde der Kopf als abgestumpfter Kegel (Bild 24 A) ausgebildet, da diese Form sich nicht festklemmt, wohingegen der ursprünglich verwendete zylindrische Kopf im Gesenk festgestaucht wurde. Der kegelige Kopf wird zwar auch gestaucht, doch ist die Deformation derart, daß der Werkstoff infolge der Neigung der angrenzenden Wände nach oben entweicht (Bild 24 B).

Tafel 16. Auswerfer.
Durchmesser der Einarbeitung = D. (Abb. 24.)

Durchmesser (mm)			
des Kopfes	des Fußes	des Halses	der Bohrung
$d_1 = \dfrac{D}{3}$	$d_2 = \dfrac{d_1}{3}$	$d_3 = d_2 - 0{,}5$	$d_4 = d_2 + 0{,}5$
Höhe (mm)			
des Kopfes	des Fußes	der Führung	des Hubes	der Keilnute
$h_1 = d_2$	von der Gesenkhöhe abhängig.	$h_3 = d_2$	$h_4 = 2\,d_2$	$h_5 = 2{,}5\,d_2$
Breite der Keilnute $b = 2\,d_2$.				

Bewährte Abmessungen finden sich in der Zahlentafel 16.

Für die Anwendung von Aushebenuten sind die Zeichnungen 2, 4 und 5 Beispiele. Diese Nuten sind durch die Schnitte a—b kenntlich gemacht.

Für Gesenke nach Zeichnung 2 und 4 wurden trotz der aus dem Unterteil hervorragenden Teile Aushebenuten erforderlich, um die schweren Schmiedestücke gleichzeitig von zwei Seiten lockern und fassen zu können.

Obschon das Prägestück nach Zeichnung 5 mit zwei Hitzen ausgeschlagen werden mußte, so konnte dennoch das Prägestück nach der ersten Hitze

Zeichnung Nr. 6.

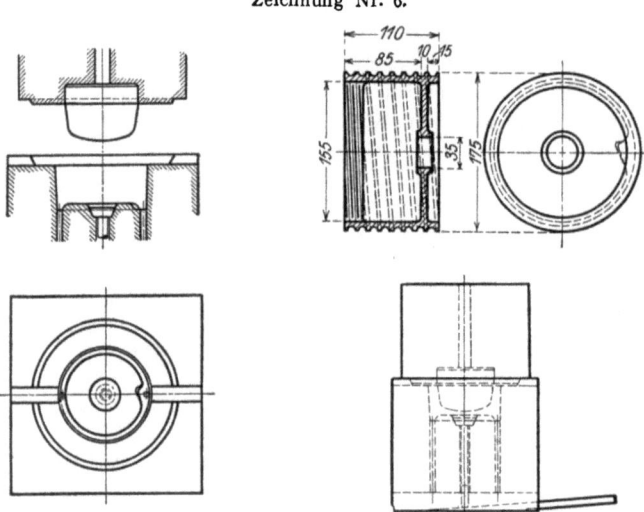

infolge seiner günstigen Gestalt durch die Aushebenuten ausgehoben werden; wohingegen für das Prägestück nach Zeichnung 6 außer den Aushebenuten noch ein Auswerfer erforderlich wurde.

Entlüftungen.

Entlüftung im Unterteil.

Bei versenkt zu schlagenden Prägestücken, nach Art des Bildes 23, treten während des Schlagens bei der ersten Hitze keine Schwierigkeiten auf. Ist das Prägestück jedoch nicht voll ausgeschlagen, so wird es mit einer zweiten Hitze erneut ins Gesenk gebracht, wo es aber infolge der durch die hohe Temperatur bedingten Ausdehnung nicht bis auf den Boden hinab fällt, sondern mit dem Gesenk einen Hohlraum bildet. In diesem wird durch die strahlende Wärme des Prägestückes und durch die Schlagwirkung die Luft verdichtet, die ihrerseits die Schlagwirkung vermindert und im günstigsten Falle das Prägestück 20 bis 30 mm im Gesenk hochwirft. Meist wird dies aber so hoch geschleudert, daß es beim Niederfallen sich schief in das Gesenk legt und bei Unachtsamkeit des Hammerführers beim nächsten Schlag zerschlagen wird. (Während des Probeschmiedens eines Gesenkes, bei dem die Entlüftungsmöglichkeiten untersucht werden sollten, wurde das Prägestück von ungefähr 2 kg Gewicht etwa 0,6 m über die Oberfläche des Gesenkunterteiles mit dumpfen Krach hochgeschleudert.)

Um das Entweichen der Luft zu fördern, werden zur Entlüftung zweckmäßig an der tiefsten Stelle des Bodens Bohrungen angebracht, die durch die ganze Gesenkhöhe gehen und auf der Rückseite durch eine Rille mit der Außenluft in Verbindung gebracht werden (Bild 25).

Entlüftung im Oberteil.

Wird ein Prägestück im Gesenkunterteil geschlagen, so tritt für den wachsenden Werkstoff infolge der Neigung der Wände eine Vergrößerung seiner Oberfläche ein, wobei die Luft unbehindert entweichen kann; daher wird nur dann eine Entlüftung erforderlich, wenn das Prägestück (wie vorher erwähnt) mit mehr als einer Hitze geschlagen werden muß.

Erhält aber das Gesenkoberteil Einarbeitungen, so wird mit jedem Schlage infolge der Wandneigung sowohl die Oberfläche des Werkstoffes, als auch der Luftraum zwischen Werkstoffoberfläche und Einarbeitung verkleinert.

Dadurch entsteht zwischen dem Prägestück und dem Gesenk ein Luftpuffer. Hierin liegt einerseits der Vorteil, daß das Prägestück sich infolge der verdichteten Luft leicht aus dem Gesenkoberteil löst, anderseits der große Nachteil, daß das Prägestück nur mit großer Schlagarbeit ausgeschlagen werden kann. Dies macht sich besonders bei schmalen Rippen bemerkbar.

Entlüftungen, ähnlich wie beim Unterteil, beseitigen diesen Übelstand. Die Entlüftung selbst wird im Oberteil an der höchsten Stelle angebracht. Wird eine Rippe im Oberteil durch eine Ausdrehung und durch einen Stempel ge-

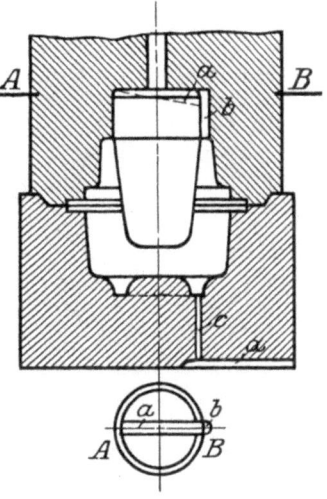

Bild 25. Entlüftungen.

a = Ausfräsung durch Scheibenfräser.
b =   „   „   Fingerfräser.
c = Bohrung.

Tafel 17.
Entlüftungen.

Gesenkhöhe mm	Durchmesser der Entlüftungsbohrung mm
bis 150	5
150 ÷ 250	8
über 250	10

bildet (Bild 25), so wird in der Eindrehung des Stempelkopfes mittels Fingerfräsers die Entlüftung eingefräst; der Stempel erhält einen gefrästen Schlitz, der in das Austreibeloch mündet.

Der Durchmesser der Entlüftung soll nicht unter 5 mm gewählt werden, da kleinere Bohrungen sich leicht verstopfen. Bei größeren Gesenkhöhen, die zum Bohren der Entlüftungen entsprechend lange Bohrer bedingen, ist mit Rücksicht auf die Festigkeit der Bohrer ein größerer Durchmesser etwa nach Tafel 17 zu wählen.

Treten an Stelle der Bohrungen vorteilhafte Fräsungen, so werden diese mit Rücksicht auf vorhandene Fingerfräser ähnlich den genannten Abmessungen für Bohrer gewählt.

Für die Prägestücke nach den Zeichnungen 2, 4, 5 und 6 werden in dem Unterteil Entlüftungen erforderlich, weil jedes dieser Stücke mit mehr als einer Hitze geschlagen werden muß. Prägestücke nach den Zeichnungen 4 und 6 verlangen außerdem für die erste Hitze Entlüftungen, damit Werkstoff, der beim Schlagen zunächst bis zu den Wandungen gestreckt wird, ohne hindernde Luftpuffer in die Vertiefung hineinwachsen kann.

Die Zeichnungen 2, 3 und 4 sind ferner Beispiele für notwendige Entlüftungen im Gesenkoberteil, damit während des Schlagens Luftpuffer verhütet und gut ausgeschlagene Rippen erzielt werden.

Achsendeckung des Gesenkober- und -unterteiles.

Genaue Achsendeckung von Gesenkober- und -unterteil wird einerseits in der Gesenkmacherei zur Anfertigung der Bleiabgüsse, an denen die Einarbeitung geprüft werden soll, anderseits in der Schmiede beim Einbau des Gesenkes in den Fallhammer oder die Presse und während des Gebrauches des Gesenkes verlangt. Zur Erreichung der Achsendeckung stehen drei Möglichkeiten zur Verfügung, die je nach der Art des Gesenkes zur Anwendung kommen.

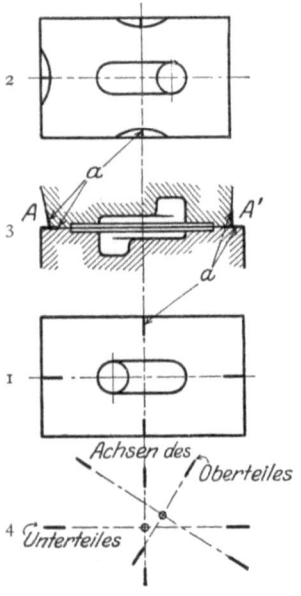

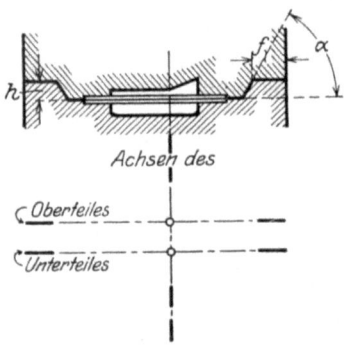

Bild 26. Achsendeckung bei ebenen Oberflächen.

Bild 27. Achsendeckung bei Führungsleisten.

Achsendeckung bei ebenen Oberflächen.

Bei ebenem Gesenkober- und -unterteil wird auf dem Unterteil das Achsenkreuz auf der Oberfläche, und zwar durch scharfe Kerbe a gekennzeichnet (Bild 26,1) das Oberteil dagegen erhält an den Seitenflächen Kerbe (Bild 26,2). Ist das Oberteil kleiner als das Unterteil, so werden diese Kerbe an den senkrechten Seitenflächen angebracht (A'); hat das Oberteil die gleichen Abmessungen des Unterteiles, so werden zurückstehende Seitenkanten durch schräge Abfräsung erzielt (A) (Bild 26,3).

Bei dem Aufeinanderpassen von Ober- und Unterteil, sei es in der Gesenkmacherei oder in der Schmiede, werden sich die Achsenkreuze zunächst nach Bild 26,4 einstellen, und erst durch sorgfältiges Ausrichten zur Deckung kommen.

Gesenke mit ebenen Oberflächen haben den Vorteil der einfachen Herstellung ihrer Oberflächen, aber den Nachteil der leichten Verstellung beider Achsenkreuze.

Achsendeckung bei Führungsleisten.

In manchen Fällen erhalten Gesenke Führungsleisten (S. 29), wie in Bild 27 angedeutet ist. Die Oberflächen von Ober- und Unterteil werden nicht mehr durchgehend eben gehalten, sondern erhalten eine Abstufung h. Für die Kenntlichmachung der Achsen gilt dasselbe wie vorher. Werden für diesen Fall Ober- und Unterteil zur Achsendeckung aufeinander gebracht, so zeigt sich nach Bild 27, daß ein Achsenpaar sofort zur Deckung kommt, das andere dagegen parallel verschoben ist, aber leicht zur Deckung gebracht werden kann.

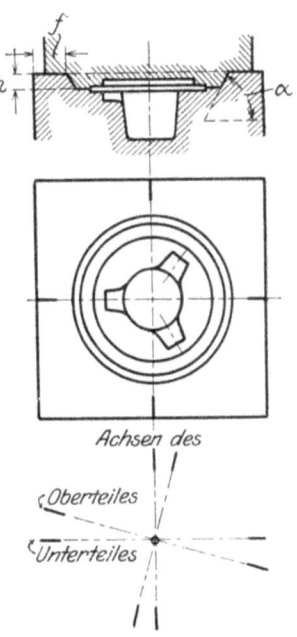

Diesem Vorteil steht der Nachteil der unebenen Oberflächen gegenüber; doch wird dieser Nachteil bei dem bedeutenden Vorteil in der Schmiede bei dem Einbau des Gesenkes und während des Schmiedens wettgemacht. Das Ausrichten des Gesenkes erfordert nur die Deckung eines Achsenpaares, da sich das zweite Paar zwangsläufig selbst einstellt.

Achsendeckung bei Führungsringen.

Rotationskörper als Prägestücke lassen eine ähnliche Führung zu wie zuvor. Sie wird in diesem Falle zweckmäßig als Ringführung ausgebildet, die gleichzeitig mit der Einarbeitung der Gesenkform auf der Drehbank hergestellt wird. Bild 28 zeigt die Anordnung dieses Führungsringes.

Setzt man Ober- und Unterteil zusammen, so liegen die Mittelpunkte der Achsenkreuze immer genau übereinander (Bild 28). Erhält das Gesenkoberteil ebenfalls eine Einarbeitung als Rotationskörper, so braucht auf weitere

Bild 28. Achsendeckung bei Führungsringen.

Achsendeckung nicht geachtet zu werden, da die Deckung der Kreuzpunkte genügt; notwendige Achsendeckung läßt sich aber sehr leicht herstellen.

Ist ein derartiges Gesenk einmal im Fallhammer oder in der Presse gut eingerichtet, so bedarf es fast keiner weiteren Kontrolle mehr, da bei jedem Schlag das Gesenkober- und -unterteil sowohl in der Längs- als auch in der Querrichtung wieder ausgerichtet wird.

Da Führungsleisten und Führungsringe beim Gebrauch des Gesenkes besondere Vorteile bieten, so sind Gesenke mit ebener Oberfläche so weit wie möglich zu vermeiden.

Zur Ermittlung der zweckmäßigen Neigung des Winkels an den Führungen wurden Gesenke mit $\alpha = 30$, 45 und 60° ausgeführt. Bei $\alpha = 30$ und 45° zeigte es sich, daß diese Winkel keine guten Führungen ergaben, da bei schlechter Bärführung die Führungsleisten sehr schnell deformiert wurden und Gesenkober- und -unterteil innerhalb der Führung toten Gang bekamen; dagegen erwies sich die Neigung von 60° als einwandfrei.

Die Höhe h der Führung wurde unter Berücksichtigung der wachsenden Gratstärke bei wachsender Gesenkoberfläche ebenfalls vor der Oberfläche

Tafel 18.
Führungen.

Kantenlänge des Gesenkes mm	Schräge der Führung α Grad	Höhe der Führung h mm	Breite der Führung f mm
bis 200	60	10	20
200—300	60	15	30
300—450	60	20	40

abhängig gemacht und zwecks einfacher Entwurfsangaben auf die wirksame Kantenlänge bezogen. Die entsprechenden Abmessungen sind in Tafel 18 wiedergegeben.

Bei den Führungsleisten ist darauf zu achten, daß die Breite f genügend groß, mindestens $f = 2\ h$ gewählt wird, andernfalls bricht diese Leiste leicht aus.

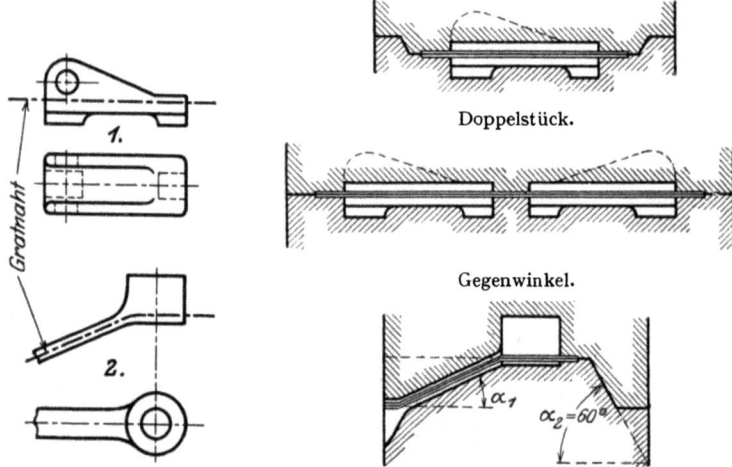

Bild 29. Schubwirkung.   Bild 30. Aufhebung der Schubwirkung durch Führungsleisten.

Von den bisherigen Zeichnungen versinnbildlicht die Zeichnung 1 die Achsendeckung durch Führungsleisten, die übrigen dagegen kennzeichnen die Achsendeckung durch Führungsringe.

Aufhebung der Schubwirkung zwischen Gesenkober- und -unterteil.

Die Eigenart mancher Prägestücke bewirkt bei jedem Schlag ein Verschieben der Gesenke in ihrer Längs- oder Querachse. Während die Verschiebung in der Querachse von den Führungsleisten des Bären aufgenommen und dadurch unwirksam wird, macht sie sich in der Längsachse dadurch erkenntlich, daß am Prägestück das Ober- und Unterteil versetzt liegen (S. 8). Diese mögliche Verschiebung bedingt nun dauernde Prägung der Prägestücke und, sobald erforderlich, ein zeitraubendes Ausrichten der Gesenke.

Die Schubwirkung wird hervorgerufen durch:
1. Prägestücke mit Winkelflächen im Ober- oder Unterteil oder einseitiger Werkstoffverteilung und
2. Prägestücke mit winkeliger Gratnaht (Bild 29).

Zeichnung Nr. 7.
Werkstoff: Flacheisen 45 · 30 mm oder 40 · 35 mm.
(Von Stange schmieden.)

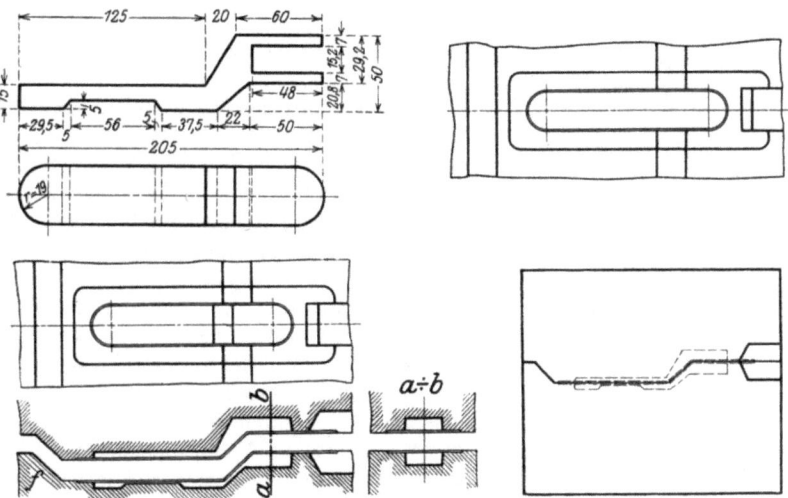

Für 1 gibt es zwei Möglichkeiten, die Schubwirkung aufzuheben (Bild 30). Die eine besteht darin, durch Führungsleisten ausgleichend zu wirken, die andere im Schlagen von Doppelstücken; diese sind zusammenzulegen, so daß die Schubwirkung aufgehoben wird. Hierbei ist es nicht notwendig, die Prägestücke aneinanderzulegen, sondern mit Rücksicht auf die Abgratstanzen, die durch Zusammenlegen zweier Arbeitsstücke reichlich groß ausfallen würden, wird zwischen beiden Stücken genügend Raum gelassen, um jedes einzeln abgraten zu können.

Bei Prägestücken mit winkliger Gratnaht ist zur Aufhebung der Schubwirkung notwendig, den Winkel α_1 durch den Winkel α_2 auszugleichen, der aber, um an Gesenkmaterial zu sparen, durchweg zu 60° angenommen werden kann.

Prägestücke, die während des Schlagens dem Einfluß der Verschiebung unterliegen, sind in Zeichnung 1 und 7 wiedergegeben. Nach Zeichnung 1 wird die Schubwirkung durch zwei aneinandergelegte Prägestücke aufgehoben. Die in dieser Zeichnung dargestellten Leisten dienen nicht zur

Aufhebung der Schubwirkung, sondern ausschließlich als Gratleisten, um, wie früher erwähnt, ein seitliches Ausweichen des Grates zu erzwingen.

Zeichnung 7 läßt die Aufhebung der Schubwirkung durch die Führungsleiste f erkennen.

Vor- und Fertiggesenk.

In vielen Fällen ist es nicht möglich, ein Prägestück aus dem Zuschnitt in einem Gesenk fertig zu schlagen; es wird die Vorarbeit unter dem Dampf-, Luft- oder Federhammer oder auch durch Vorschmieden in einem Gesenk erforderlich. Eine Wirtschaftlichkeitsberechnung gibt Aufschluß, welche Vorarbeit gewählt werden soll. Entscheidet man sich für das Vorgesenk (Bild 31), so ist stets zuerst das Fertiggesenk und nach dessen Maßen das Vorgesenk so zu entwerfen, daß das aus dem Vorgesenk kommende Prägestück unter Berücksichtigung der Ausdehnung durch die neue Hitze von dem Fertiggesenk aufgenommen werden kann.

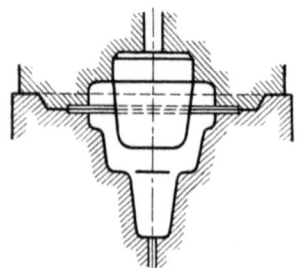
Fertiggesenk.

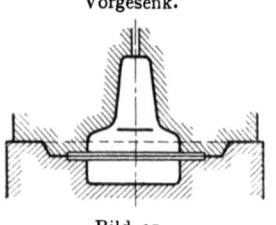
Vorgesenk.

Bild 31.

Bei kleineren Prägestücken kann man Vor- und Fertiggesenk in einen Gesenkblock einarbeiten, doch ist es ratsamer, beide Gesenke getrennt anzufertigen, da bei gemeinsamer Einarbeitung durch das Unbrauchbarwerden des einen die Verwendung des anderen Gesenkes in Frage gestellt wird.

Im allgemeinen ist bei dem Vorgesenk nur auf günstige Werkstoffanordnung Rücksicht zu nehmen; ein ganz sauberes Ausarbeiten wie beim Fertiggesenk ist daher nicht angebracht. Bei einfachen Stücken läßt sich das Vorgesenk durch Eindrücken eines Kernstückes in einen erhitzten, gehobelten Gesenkblock in kurzer Zeit anfertigen.

Ausgehend vom Fertiggesenk stellt man aus Eisen von 60 bis 70 kg/mm² Festigkeit unter Dampf-, Lufthammer usw. ein Kernstück her, dessen weitere Bearbeitung nur mit der Schruppfeile geschieht. Ein Gesenkblock mit entsprechenden Abmessungen (S. 32) wird auf etwa 800° erhitzt und in diesen das ungehärtete Kernstück unter einem Fallhammer oder besser einer Presse eingetrieben. Nach Härten und Anlassen ist dies Gesenk gebrauchsfertig.

Gesenke, die dazu dienen sollen, Werkstoffzuschnitt in Formen zu biegen, die dem Fertiggesenk angepaßt sind, werden aus Gußeisen hergestellt und unbearbeitet unter Pressen benutzt.

Haften des Prägestückes im Gesenkunterteil.

Während des Schlagens ist es erforderlich, daß das Prägestück im Gesenkunterteil dauernd gut haften bleibt; ist dies nicht der Fall, so wird beim Hochgehen des Oberteiles das Stück angelüftet und kommt meist im Unterteil schräg zu liegen. Ein unachtsamer Hammerführer wird mit dem nächsten Schlag das Stück zerschlagen, der achtsame dagegen den Bär zum Halten und das Prägestück wieder in die rechte Lage bringen; Werkstoff- oder Zeitverlust wird also die Folge sein.

Um ein gutes Haften zu erreichen, wird die Wandneigung im Unterteil kleiner gehalten als im Oberteil (S. 13). Immerhin ist es aber häufig der Fall, daß zu kleine Wandflächen im Unterteil kein gutes Haften gewährleisten.

Um dieses trotzdem herbeizuführen, wird künstlich die Reibung im Unterteil vergrößert.

Man erreicht dies dadurch, daß

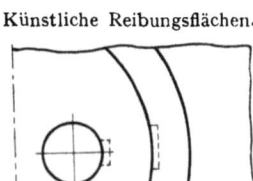

Künstliche Reibungsflächen.

1. Die Wände im Unterteil ohne Neigung, also senkrecht ausgeführt werden,
2. neue Reibungsflächen zu den vorhandenen hinzugefügt werden (Bild 32).

Diese künstlichen Reibungsflächen erhält man durch Hintermeißeln einzelner Stellen an den Wänden oder durch Anbohren der Bodenfläche an etwa 2 bis 3 Stellen, die gegebenenfalls durch Kreuzmeißeln hinterarbeitet werden. Das Anbohren der Bodenfläche ist jedoch nur dann zulässig, wenn das Prägestück mit einer Hitze ausgeschlagen werden kann, da andernfalls das Einbringen des schon geschlagenen Stückes mit den anhaftenden Bohrwarzen in die gleiche Lage wie vorher, große Schwierigkeiten bereitet.

Bild 32. Haften der Prägestücke im Gesenkunterteil.

„Von der Stange schmieden."

Im allgemeinen kommt der Werkstoff als Zuschnitt im Gesenk zur Verwendung; jedoch treten Fälle auf, in denen es zweckmäßig ist, den Werkstoff unzerlegt an der Stange zu lassen, da er sich in dieser Art handlicher verarbeiten läßt. Stangen von etwa 2 bis 2,5 m Länge bis zu einem Gewicht von etwa 6 bis 8 kg kommen hierfür in Frage.

Gesenke, die zum Schmieden von der Stange vorgesehen sind, erhalten in der Längsachse, also in Richtung der Werkstoffeinführung in das Gesenk, eine Einarbeitung, in die sich der Werkstoff mit geringem Spiel einlegen läßt (Bild 33).

Für den Entwurf setzt man als Mindestmaße:

$$b' = 1{,}5\, b,$$
$$h' = h.$$

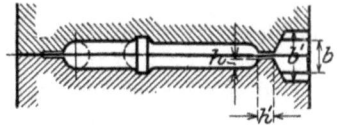

Bild 33. Von der Stange schmieden.

Zuschnitt der Prägestücke.

Auf jeder Gesenkzeichnung sollen sowohl die Abmessungen des Zuschnittes als auch die Angaben, ob dieser auf der Schere oder Säge bzw. Abstechbank zerlegt werden soll, enthalten sein. Für manche Gesenke wird am Zuschnitt eine gerade Schnittfläche erforderlich, damit schon vor dem Schlagen der Werkstoff im Gesenkunterteil gleichmäßig verteilt werden kann; andernfalls wird das Prägestück an einigen Stellen voll ausgeschlagen werden und reichlichen Grat enthalten, an anderen Stellen jedoch unvollständig bleiben. Das Prägestück wird daher Ausschuß, obwohl der Zuschnitt inhaltlich richtig bemessen war.

Nach Ermittlung des Prägestückgewichtes werden mit Hilfe einer Lagerliste, in der alle vorrätigen Eisensorten enthalten sein müssen, die zweck-

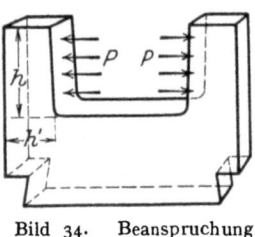

Bild 34. Beanspruchung eines Gesenkausschnittes.

Tafel 19.
Zuschnitt.

Gewicht	Abmessungen	
kg	Durchmesser mm	Länge mm
9,36	160	60
	150	68
	140	77
	130	91

mäßigsten Abmessungen festgelegt und in einer Zahlentafel ähnlich Tafel 19 auf der Gesenkzeichnung vermerkt.

Für die Errechnung des Zuschnittes können die in Tafel 19 aufgeführten Erfahrungszahlen dienen.

Das Volumen des Prägestückes einschließlich des Grates wird an Hand des Gesenkentwurfes (kommt ein Vorgesenk in Frage, so ist hiervon auszugehen) errechnet; hierzu werden etwa 15 vH und ferner für jede erforderliche Hitze 5 vH zugeschlagen.

Gesenkabmessungen.

Die Abmessungen eines Gesenkes sind einerseits abhängig von der Größe des Grundrisses eines Prägestückes und anderseits von der Einarbeitungstiefe.

Betrachtet man einen Gesenkausschnitt nach Bild 34, so greifen die Kräfte P gleichmäßig nach beiden Seiten auf der ganzen Höhe h an; die größte Beanspruchung wird an dem Fuße mit der Breite h' auftreten und mit wachsendem h zunehmen. Diese Abhängigkeit rechnerisch zu ermitteln, war unmöglich, da die Größe der Kraft P und ihre Verteilung in dem geschlossenen Gesenk nicht mit Sicherheit bestimmt werden können.

Es war jedoch möglich, an Hand von einwandfreien Gesenken eine Abhängigkeit zwischen Einarbeitungstiefe h und Wandstärke h' zu ermitteln; die Ergebnisse sind in Tafel 20 zusammengestellt.

Bild 35 zeigt ein Gesenk, in dem drei verschiedene Einarbeitungstiefen h auftreten. Entsprechend den verschiedenen Höhen würden sich drei verschiedene Wandstärken ergeben, doch ist ohne weiteres zu ersehen, daß für jede Wand die größte der angrenzenden Tiefen maßgebend ist; es erhält also:

Wand I die Wandstärke h'_1,
Wand II ,, ,, h'_3,
Wand III ,, ,, h'_3,
Wand IV ,, ,, h'_3,

Zu bemerken ist ferner noch, daß als Bodenstärke wenigstens h'_3 über dem Schwalbenschwanz verbleiben muß.

Tafel 20.
Wandstärke abhängig von der Einarbeitungstiefe.

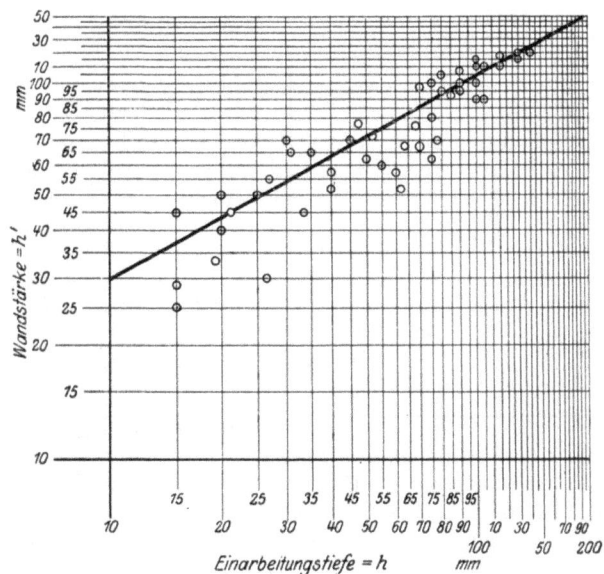

Nach vorstehender Regel werden die Abmessungen für Gesenkober- und -unterteil ermittelt; diese Maße stellen die kleinsten zulässigen Werte dar, die zur Wahl des erforderlichen Blockes dienen sollen.

Zweckmäßig sind die Gesenkabmessungen zu normen, damit nur eine beschränkte Anzahl Blockgrößen auf Lager gehalten werden muß. Es empfiehlt sich, von bestimmten Querschnitten auszugehen und Stäbe von etwa 2 m Länge zu beschaffen. Dies hat den Vorteil, beliebige Gesenklängen verwenden zu können. Will man jedoch die Stabzerlegung umgehen, so bezieht man die Blöcke fertig geschmiedet etwa nach den Abmessungen der Tafel 21.

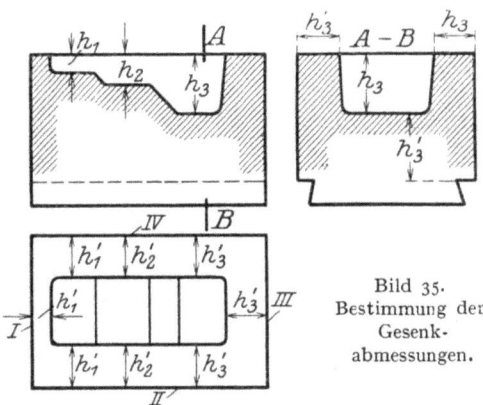

Bild 35.
Bestimmung der Gesenkabmessungen.

Gesenkbefestigung.

Das Gesenkunterteil wird immer von einem Gesenkhalter, der mit der Schabotte durch Keile verbunden ist, aufgenommen und darin durch

Schrauben oder Keile gehalten. Die Schraubenbefestigung eignet sich mehr für Pressen, da die Schläge eines Fallhammers ungünstig auf die Schrauben einwirken, sofern diese in den Abmessungen nicht reichlich gewählt sind; daher ist bei Fallhämmern die Keilbefestigung vorzuziehen.

Tafel 21.
Gesenkabmessungen.

Höhe mm	Breite mm	Länge mm
150	150	150
150	150	200
150	150	250
150	150	300
200	200	200
200	200	250
200	200	300
200	200	350
200	200	400
250	250	250
250	250	300
250	250	350
250	250	400

Auf jeder Seite des Gesenkes ist ein Keil zu verwenden und, wenn erforderlich, sind die Gesenkbreiten durch gehobelte Zwischenlagen auszugleichen, die sich an die gehobelten Seitenflächen des Gesenkes anlegen. Die Fußfläche des Gesenkes als Auflage muß ebenfalls, und zwar rechtwinklig zu den Seitenflächen gehobelt sein. Ein gut anziehender Keil hat eine Neigung von etwa 1,5 vH.

Viel verbreitet ist auch die Gesenkbefestigung mittels Schwalbenschwanzes und Keiles. Ein Nachteil gegenüber der Verkeilung an der geraden Fläche besteht in dem Mehraufwand an Arbeit durch Hobeln der Schwalbe, die eine Neigung von 10° erhält, und deren Höhe etwa nach Tafel 22 gewählt wird. Die Breite des Schwalbenschwanzes ist von der Breite des Gesenkhalters abhängig.

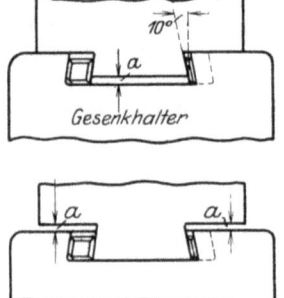

Tafel 22.
Schwalbenschwanzhöhen.

des Gesenkes mm	Höhe des Schwalbenschwanzes mm
150—250	40
250—350	60
350—450	80

Bild 36. Gesenkbefestigung.

Sehr häufig findet man das Überkragen der Gesenke auf dem Rücken des Halters (Bild 36). Dies ist ohne weiteres zulässig, verlangt aber ein sehr sorgfältiges Aushobeln des Gesenkes, andernfalls wird eine schlechte Auflage bei a erzielt. Das frei tragende Stück bildet eine dauernde Bruchgefahr für das Gesenk; um diese auszuschalten, vermeidet man das Überkragen, soweit wie es möglich ist.

Die Befestigung des Gesenkoberteiles in Fallwerken geschieht immer durch Keile; wohingegen bei Pressen neben dieser auch die Verschraubung Verwendung findet.

Bestimmung der Fallhammergröße.

Die durch die Hammergrößen und Arten bedingten verschiedenen Abmessungen der Gesenkhalter erfordern bestimmte Abmessungen für den

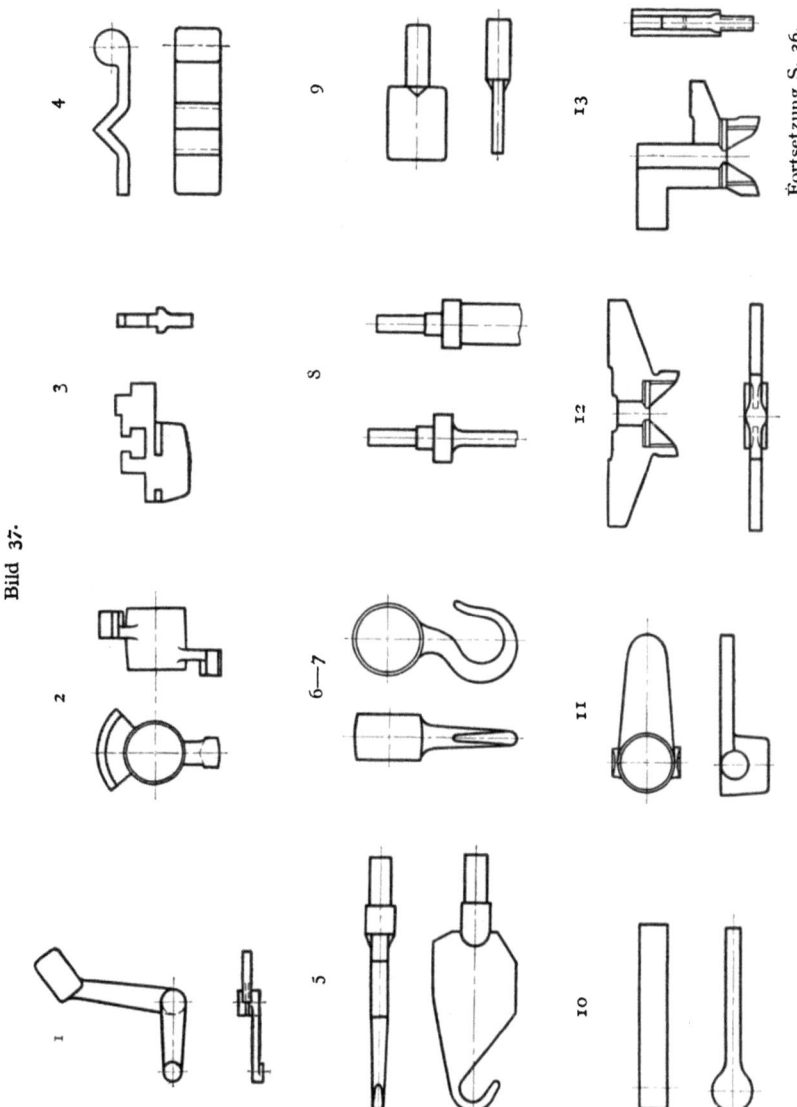

Bild 37. Fortsetzung S. 36.

Gesenkfuß bzw. für den Schwalbenschwanz. Es ist daher notwendig, für jedes Gesenk eine bestimmte Hammergröße vorzuschreiben, und diese bereits auf der Gesenkzeichnung zu vermerken.

Diese Maßnahme ist ebenfalls mit Rücksicht auf die Lebensdauer des Gesenkes erforderlich. Um nämlich die Berührungszeit des erhitzten Stückes mit dem Gesenk zur Vermeidung des Anlassens (S. 40) so kurz wie

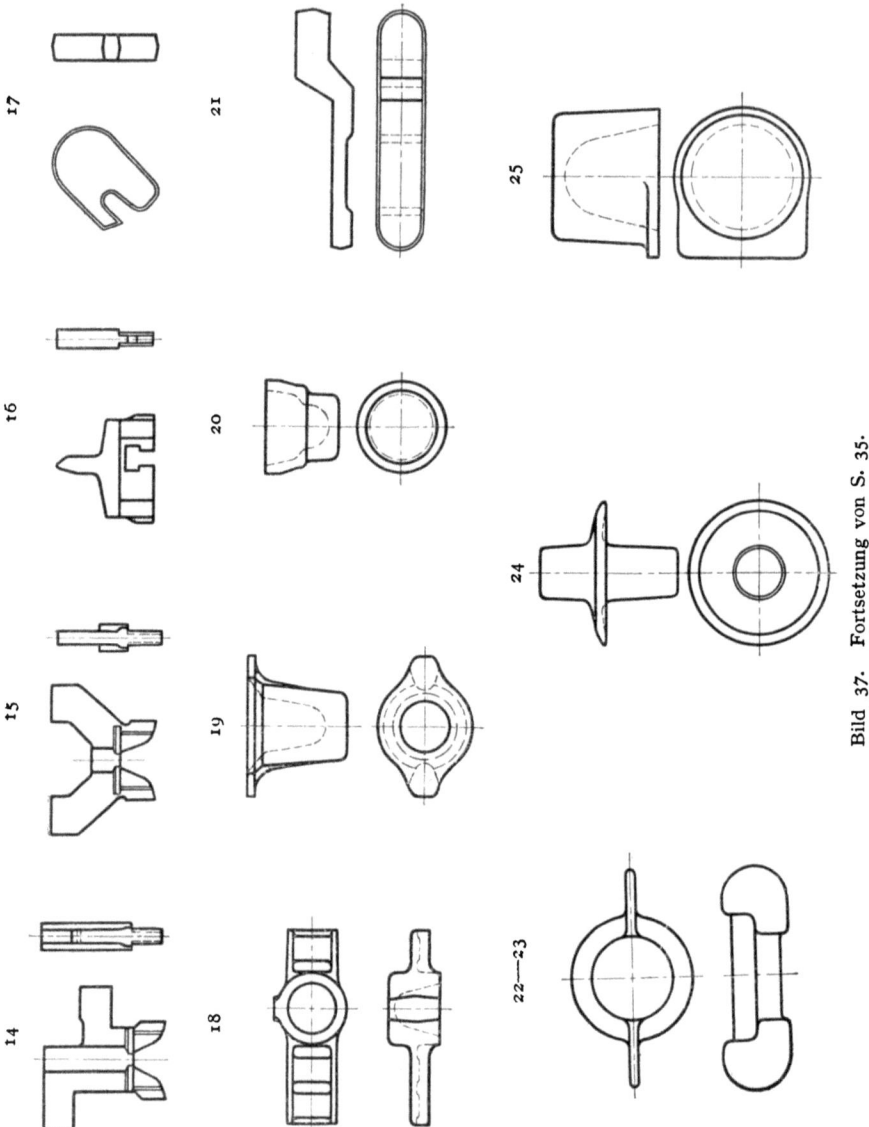

Bild 37. Fortsetzung von S. 35.

möglich zu halten, ist die Schlagzahl klein zu wählen. Von zwei gleichen Gesenken, die unter verschieden großen Hämmern 4 bzw. 12 Schläge erfordern, wird das erste Gesenk gegenüber dem zweiten eine etwa dreifache Lebensdauer aufweisen oder die dreifache Stückzahl liefern.

— 37 —

Tafel 23.
Arbeitsaufwand zum Prägen von weichem Flußstahl (50 bis 55 kg/mm² Festigkeit).

Lfd. Nr. (Bild 37)	Gesamtoberfläche des fertiggeschmiedeten Stückes F cm²	Bärgewicht des Hammers P_1 kg	Fallhöhe des Bären h m	Gesenkoberteilgewicht P_2 kg	Gesamtes Fallgewicht $P = P_1 + P_2$ kg	Zahl der Hitzen	Zahl der gesamten Schläge n	Arbeitsaufwand des fertigen Stückes $A = P \cdot h \cdot n$ mkg	Arbeitsaufwand zum Prägen für 1 cm² $a = \dfrac{P \cdot h \cdot n}{F}$ mkg/cm²	Bemerkungen
1	375	800	2,0	100	900	1	4—5	7200—9000	19,2—24,0	vorgeschmiedet (gebogen)
2	200	600	2,0	20	620	1	3—4	3720—4960	18,6—24,8	
3	110	800	2,0	15	815	1	2	3260	29,6	
4	170	800	2,0	40	840	1	2—3	3360—5040	19,7—29,6	
5	270	600	1,8	70	670	1	4	5360	19,8	
6	55	800	2,0	25	825	1	1	1485	27,0	⎫ dasselbe Stück.
7	55	600	2,0	25	625	1	1	1250	22,7	⎭
8	160	600	2,0	30	630	1	3—4	3780—5040	23,6—31,5	
9	110	800	1,4	40	840	1	2	2350	21,4	
10	125	600	2,0	50	650	1	2—3	2600—3900	20,8—31,2	
11	190	800	2,0	45	845	2	4	6760	35,5	
12	170	800	2,0	45	845	1	4	6760	39,7	
13	210	800	2,0	40	840	1	3—4	5060—6750	24,1—32,1	
14	200	600	2,0	50	650	2	4—5	5200—6500	26,0—32,5	
15	200	600	2,0	20	620	2	4—5	4960—6200	24,8—31,0	
16	130	600	2,0	20	620	1	3	3720	28,6	
17	150	600	2,0	15	615	1	3	3690	24,6	
18	295	800	2,0	65	865	1	4—5	6920—8650	23,5—29,3	
19	1310	800	1,6	145	945	2	24	34500	26,4	
20	275	400	1,4	27	427	2	10	5980	21,7	
21	270	400	1,5	54	454	2	10	6800	25,2	
22	230	400	1,4	45	445	1	8	4980	21,7	
23	230	1000	1,5	45	1045	1	3	4700	20,5	
24	1560	800	1,9	140	940	2	20—22	35700—39300	22,9—25,2	⎫ dasselbe Stück.
25	635	600	1,0	52	652	2	24	15650	24,6	⎭

Die Bestimmung der Hammergröße bietet erhebliche Schwierigkeiten; sie läßt sich jedoch näherungsweise sehr einfach ermitteln, indem der Arbeitsaufwand auf die gesamte Oberfläche eines Prägestückes bezogen wird. Diesbezügliche Untersuchungen wurden an einer Anzahl von Prägestücken von etwa 50 bis 55 kg/mm² Festigkeit durchgeführt. Eine Anzahl Werte, die sich auf Prägestücke nach Bild 37 beziehen, sind in Tafel 23 zusammengestellt. Auf Grund dieser Werte ließ sich eine Gesetzmäßigkeit, und zwar eine einfache Beziehung zwischen Arbeitsaufwand und Prägestückoberfläche

$$A = f(F)$$

gewinnen, die in Tafel 24 wiedergegeben ist; es ergibt sich:

$$P \cdot h \cdot n = a \cdot F,$$

und als spezifischer Arbeitsaufwand:

$$a = \frac{P \cdot h \cdot n}{F} = 24{,}5 \text{ mkg/cm}^2.$$

Es bedeutet: P = Gesamtfallgewicht in kg,
h = Fallhöhe des Bären in m,
n = Schlagzahl,
F = Gesamtoberfläche in cm².

Werden für Überschlagsrechnungen als Mittelwerte gewählt:

$h = 1{,}75$ m und
$n = 4$,

so wird: $P = 3{,}63 \cdot F$ (kg Fallgewicht).

Tafel 24.
Arbeitsaufwand zum Prägen von weichem Flußstahl (50—55 kg/mm² Festigkeit), abhängig von der Gesamtoberfläche des Prägestückes.

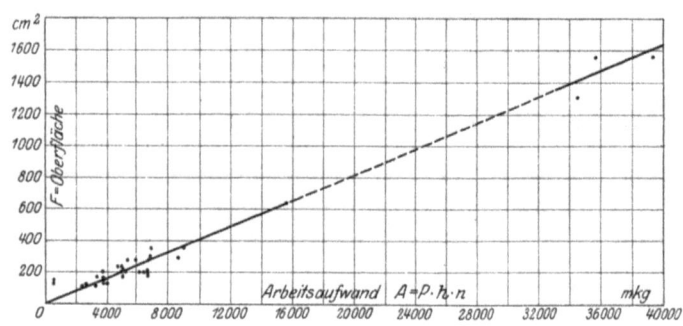

Schrumpfband.

Tritt der Fall ein, daß Gesenkunterteile beim Schlagen Risse erhalten, wodurch sie in kurzer Zeit unbrauchbar werden, so können sie durch rechtzeitiges Aufschrumpfen von Bändern für lange Zeit brauchbar gehalten werden.

Für ein wirksames Schrumpfen ist es erforderlich, daß die Berührungsflächen von Band und Gesenk durch Hobeln oder Fräsen soweit bearbeitet werden, daß die Flächen eben sind und die gegenüberliegenden Flächen parallel verlaufen. Sicheres Anliegen an den Längs- und Querflächen der Gesenke mit rechteckiger Oberfläche erreicht man dadurch, daß die Eckenabrundungen an dem Gesenk etwas größer gewählt werden als in den Bändern (Bild 38); Gesenke mit quadratischer Oberfläche erhalten als Schrumpfband einen Ring.

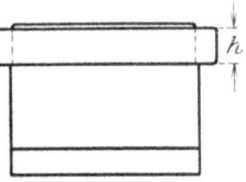

Der Werkstoff des Schrumpfbandes soll aus Flußeisen von etwa 45 bis 50 kg/mm² Festigkeit bestehen und etwa 18 bis 16 vH Dehnung besitzen. Als bewährtes Schrumpfmaß hat sich 2 vT für Schrumpfbänder von rundem oder rechteckigem Grundriß erwiesen.

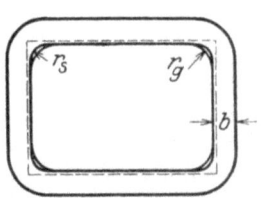

Die Bänder werden auf etwa 250 bis 300° erhitzt, damit sie sich leicht um das Gesenk legen lassen; die Schrumpfung selbst tritt bei etwa 200° ein.

Als Schrumpfbandabmessungen wurden die in Tafel 25 enthaltenen Werte angewendet.

Bild 38. Gesenkunterteil mit Schrumpfband.

Lichtbild 1 zeigt ein Gesenk mit Schrumpfband, das erforderlich wurde, als sich beim Schlagen feine Risse in den Ecken der Einarbeitung zeigten. Das Band mußte von der Oberfläche entfernt angebracht werden, damit die aus dem Gesenk hervorstehenden Stege ihre freie Lage behielten.

Tafel 25
Schrumpfband.

Längste Oberflächenkante des Gesenkes mm	Schrumpfband		Eckenabrundung am	
	Höhe h mm	Breite b mm	Schrumpfband r_s mm	Gesenk r_g mm
bis 150	40	30	20	25
150—250	50	35	25	30
250—350	70	50	30	35
350—450	100	75	35	40

Ausbuchsen von Gesenken.

Das Ausbuchsen von Gesenken ist insofern ein weiteres Mittel, rissige oder sonst schadhafte Gesenke wieder brauchbar zu machen, als die alte Einarbeitung ausgebohrt und durch eine Buchse ersetzt wird. Es ist einleuchtend, daß dies Ausbuchsen nur bei Gesenken zulässig ist, die als Prägestücke Rotationskörper oder angenähert Rotationskörper liefern.

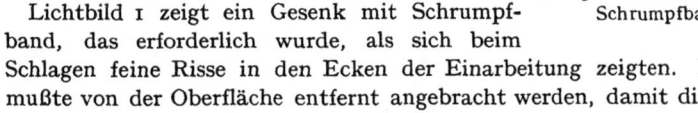

Bild 39. Ausgebuchstes Gesenk.

Als Schrumpfmaß kommt etwa 1,5 vT zur Anwendung. Der Werkstoff besteht aus Gesenkstahl, der unter dem Dampf- oder Lufthammer gut durchgeschmiedet wird. Das ausgebohrte

Gesenk erhält ein, oder wenn ein Auswerfer notwendig ist, zwei Austreibelöcher (Bild 39), die zum Austreiben der Buchsen dienen, falls die erste Buchse verbraucht und durch eine neue ersetzt werden soll. Zum Austreiben wird das Gesenk schwach rot erwärmt, und die Buchse durch einen Wasserstrahl von unten gekühlt. Leichte Schläge auf einen Dorn in den Austreibelöchern werfen die schadhafte Buchse aus.

Als Wandstärke der Buchse wird $h'' = {}^1/_3\ h'$ gewählt.

Verwendung des Gesenkes.

Einbau des Gesenkes.

Beim Einbau des Gesenkes in den Hammer geht man immer vom Unterteil aus. Es ist darauf zu achten, daß die Auflagefläche im Gesenkhalter eben und frei von Schmutz ist, da eine unebene und unsaubere Fläche dem Wandern (Versetzen) der Gesenke Vorschub leistet. Auf das befestigte Gesenkunterteil wird das Oberteil gelegt und von Hand nach den Achsenmarken ausgerichtet. Durch gehobelte Zwischenlagen und Keile wird es dann befestigt.

Da sich in den meisten Fällen die Gesenke nach einigen Schlägen noch etwas versetzen, so werden die Keile zunächst nur mäßig angetrieben, um ein leichtes Nachstellen zu ermöglichen.

Nach der Befestigung ist zu untersuchen, ob die Gesenkoberflächen dicht aufeinanderliegen und nicht an einzelnen Stellen klaffen; ist dies jedoch der Fall, so müssen Ober- und Unterteil auf Parallelität der Kopf- und Fußflächen geprüft und gegebenenfalls durch Schleifen verbessert werden. Schlechtes Aufeinanderliegen der Oberflächen hat zur Folge, daß einerseits hierdurch beim Schlagen das Wandern der Gesenke gefördert und andererseits die Beanspruchung der sich berührenden Flächen übermäßig groß wird.

Anwärmen des Gesenkes.

Genügen die Gesenke und ihr Einbau den vorbenannten Bedingungen, so wird vor dem Gebrauch zwischen dem Ober- und Unterteil ein dunkelrot angewärmtes Eisenstück von etwa 3—4 cm Stärke und ungefähr dem Gesenk entsprechender Oberfläche gelegt und so lange liegen gelassen, bis angeschleuderte Wassertropfen verdampfen.

Das Gesenk wird also bis auf etwa 100° C vorgewärmt; diese Maßnahme erwies sich besonders im Winter für die im ungeheizten Raum gelagerten Gesenke mit vielgestaltigen Formen als notwendig, da Gesenke, die schon eine große Zahl Prägestücke geliefert hatten, bei neuer Verwendung und Schlagen des ersten Stückes zersprangen. Es liegt hier die Vermutung nahe, daß die Gesenke, die sich durch die Berührung mit dem glühenden Werkstoff etwa auf 100° C erwärmen, während des Gebrauches Gefügeveränderungen erleiden, die beim Abkühlen Spannungen im Gesenk hervorrufen. Infolge dieser Spannungen dürften die stark gekühlten Gesenke beim ersten Schlag gesprungen sein.

Probeschmieden.

Durch Probeschmieden sollen:
1. die vorgeschriebenen Werkstoffabmessungen und
2. die Achsenübereinstimmung von Gesenkober- und -unterteil geprüft werden.

Das Prüfen des Werkstoffes kommt nur für neue Gesenke in Frage, da die bei der ersten Schmiedung als richtig ermittelten Werkstoffabmessungen festgelegt werden und keiner weiteren Prüfung mehr bedürfen.

Nach den vorberechneten Abmessungen werden 3 Rohlinge zugeschnitten, und zwar der erste mit den angegebenen Abmessungen, der zweite und dritte mit einem Über- bzw. Untergewicht von je 10 vH bezogen auf die Breite, Höhe oder Länge des Stückes. Diese Stücke werden nun erhitzt und im Gesenk geschlagen. Die Prüfung ergibt zunächst die Abmessungen, die beim geringsten Grad ein voll ausgeschlagenes Prägestück bedingen, und ferner, ob die Achsendeckung erreicht ist und die endgültige Befestigung der Gesenke vorgenommen werden kann.

Wartung des Gesenkes.

Durch die immer nur für kurze Zeit unterbrochene Berührung der erhitzten Prägestücke mit dem Gesenkunterteil wird dieses allmählich so stark erhitzt, daß eine Kühlung notwendig wird.

Temperaturen bis 200° C beeinflussen die Härte des Gesenkes nur ganz unwesentlich, bei 300° C jedoch beträgt diese etwa nur noch 30—35 vH der durch Abschrecken erzielten Härte.

Als Kühlmittel wird zweckmäßig Druckluft von etwa 1200 bis 1500 mmWS verwendet und durch einen Metallschlauch auf das Gesenk geführt. Reicht bei großen Gesenken diese Kühlung nicht aus, so ist das Gesenk von Zeit zu Zeit mit einem wassergetränkten Lappen vorsichtig abzureiben. Die Druckluft hat noch den weiteren Vorteil, daß mit ihr der in der vertieften Einarbeitung verbleibende Hammerschlag herausgeblasen werden kann.

Das Gesenkoberteil ist weniger dem Erhitzen ausgesetzt, da seine Berührung mit dem Prägestück immer nur kurze Zeit währt; es genügt, wenn die eingearbeiteten Flächen häufig mit dickflüssigem Öl bestrichen werden.

Obschon beim Entwurf des Gesenkes auf ein gutes Haften des Prägestückes im Unterteil alle Rücksicht genommen wird, treten immerhin recht häufig Fälle ein, daß Prägestücke aus dem Unterteil losgerissen werden. Man hilft diesem Übel dadurch ab, daß man auf das ins Gesenkunterteil gelegte Prägestück Holzsägespäne oder Kohlenstaub legt, die infolge der Gasentwicklung ein Haften im Oberteil mit ziemlicher Sicherheit verhindern. Ebenso verwendet man zweckmäßig das Bestreuen mit Sägespänen für das Unterteil, falls das Prägestück in diesem zu fest gehalten werden sollte.

Sehr häufig sind die Gesenke auf das Entstehen feiner Risse zu untersuchen, die unbeachtet, das Gesenk nach ganz kurzer Zeit unbrauchbar machen. Sobald sich die ersten Spuren zeigen, ist das Schlagen sofort zu unterbrechen und das Umlegen eines Schrumpfbandes oder Einsetzen einer Buchse zu veranlassen. Die Rißfuge wird durch das Schrumpfband in den meisten Fällen wieder zusammengedrückt und vollständig durch sorgfältiges

Verstemmen von Hand beseitigt. Ist aber Ausbuchsen möglich, so ist dies vorzuziehen, da das ausgebuchste Gesenk die gleiche Lebensdauer besitzt, wie ein neues; für die Buchse ist gut durchgeschmiedeter Gesenkstahl zu verwenden.

Bei vielflächigen Gesenkeinarbeitungen tritt allmählich eine Abnutzung ein, die sich dadurch bemerkbar macht, daß Prägestücke, die anfangs ohne große Mühe ausgehoben werden konnten, im Unter- oder Oberteil haften bleiben. Ein Nacharbeiten an den fraglichen Stellen durch Meißeln, Feilen und Schaben kann dieses wohl beseitigen. Es ist jedoch zu bedenken, daß durch jedes Nacharbeiten die Prägestücke andere Abmessungen erhalten, die einerseits größeren Werkstoffzuschnitt erfordern und anderseits den Bedingungen der Bearbeitungswerkstätten insofern entgegenstehen, als Stücklöhne unter Zugrundelegung des ursprünglichen Übermaßes festgestellt und bei wiederholter Nacharbeit des Gesenkes nicht mehr ausreichend sind.

Abgratstanzen.

Aufbau und Arten der Abgratstanzen.

Im allgemeinen wird für jedes Gesenk eine Abgratstanze erforderlich, um den Grat von dem Prägestück abzutrennen. In ihrem einfachsten Aufbau besteht eine Abgratstanze aus Schnittplatte, Fußplatte, Stempel und Abstreifer (Bild 40). Nach der Art der Prägestücke unterscheidet man geschlossene, halb offene und offene Abgratstanzen (Bild 41).

Am häufigsten wird die geschlossene Abgratstanze erforderlich und zwar für die Prägestücke, an denen

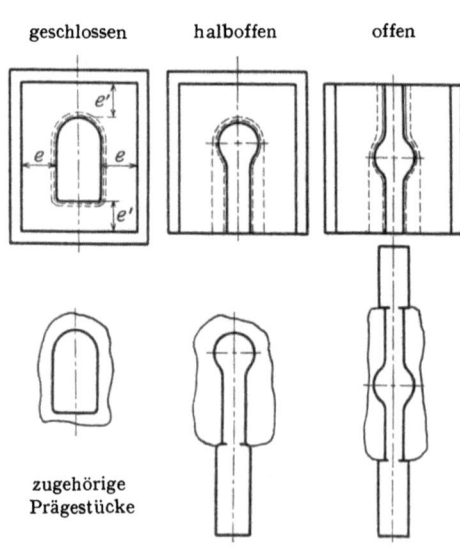

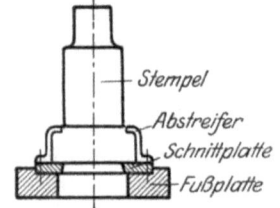

Bild 41. Arten der Abgratstanzen.

Bild 40. Aufbau einer Abgratstanze.

sich ein den ganzen Körper umschließender Grat bildet; bei den Prägestücken für halb offene und offene Abgratstanzen entsteht nur teilweise Grat (Bild 41).

Entwurf der Abgratstanzen.

Allgemeine Richtlinien.

Für die Abmessungen der Schnittform ist die Entscheidung notwendig, ob das Prägestück warm, d. h. bei der Temperatur, die es nach dem Fertigschlagen noch besitzt (etwa 700 bis 800° C), oder kalt abgegratet werden soll, um die Ausdehnung des Stückes und die Leistungsfähigkeit der Presse berücksichtigen zu können. Im allgemeinen ist es zweckmäßig, warm abzugraten, da hierfür kleinere Pressen erforderlich sind, als für Kaltabgraten. Der erforderliche Schnittdruck P (kg) ist abhängig von der Scherfestigkeit k_s (kg/mm²) des Werkstoffes bei der Abgrattemperatur, von der Stärke s (mm) und der Länge l (mm) des Grates; setzt man $k_s = 4 : 5\, k_z$, so ist:

$$P = \frac{4 \cdot s \cdot l \cdot k_z}{5} \text{ (kg)}.$$

Die Werte für k_z bei verschiedenen Temperaturen sind aus Bild 7 zu entnehmen.

Kaltabgraten hat den Vorteil der längeren Lebensdauer der Schnittplatten und Stempel, da diese beim Warmabraten bei mangelhafter Kühlung allmählich so weit angelassen werden, daß sie ihre Härte verlieren. Hat

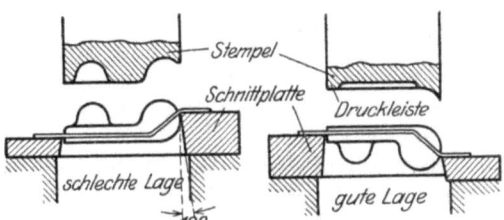

Bild 42. Lage des Prägestückes in der Schnittplatte.

man sich für Warmabgraten entschlossen, so werden als Abmessungen für die Schnittform die Abmessungen der Gesenkformen an der Oberfläche des Unter- oder Oberteiles zugrunde gelegt. Die Form der Gratnaht ist für die Gestaltung der Schnittplattenoberfläche maßgebend, jedoch ist die Lage des Prägestückes in der Schnittplatte besonders zu überlegen, um einfache Stempel zu erhalten (Bild 42). Der Schnittwinkel beträgt 10°. Die Befestigung der Schnittplatte auf der Fußplatte geschieht durch versenkte Schrauben, um eine glatte Oberfläche zu schaffen, die den Prägestücken beim Einlegen kein Hindernis bietet.

Zum Durchfallen des abgegrateten Prägestückes erhält die Fußplatte eine der Schnittform entsprechende Ausarbeitung, die so reich bemessen sein muß, daß ein Festklemmen des Prägestückes ausgeschlossen ist.

Die Stempelform ist durch die Schnittform der Schnittplatte bedingt; die Schnittfläche des Stempels soll nur auf eine Leiste am Rande beschränkt bleiben, damit durch mögliche Unebenheiten des Prägestückes ein Verdrücken beim Abgraten vermieden wird.

Entwurfeinzelheiten.

Geschlossene Stanzen. Normung der Prägestückabmessungen.

Für die Größenverhältnisse der Stanzen sind die Abmessungen der größten Längs- und Querachse des Prägestückes maßgebend, so daß jedes Prägestück besondere Abmessungen für Schnittplatte, Fußplatte und Stempel und dadurch ein umfangreiches Lager dieser Werkstoffe erforderlich machen würde. Um dies zu vermeiden, ist es zweckmäßig, bezüglich der Abmessungen der Prägestücke Normen aufzustellen, die ebenfalls wieder genormte Werkstoffe für die Stanzen zulassen. Die Normung der Stanzen stützt sich auf die Abmessungen der in Frage kommenden Abgratpressen, da die zulässigen Prägestücke, ohne Rücksicht auf die Leistung der Pressen, von der Hubhöhe und der Größe des Durchfalloches abhängig sind.

Tafel 26.
Normung der Prägestücke.

Geometrische Zahlenreihen für die	
Längsachsen	Querachsen
der Prägestücke	
$\varphi = 1{,}5$	$\varphi = 1{,}75$
230	110
153,33	62,86
102,22	35,92
68,14	
45,42	

Für eine Abgratpresse mit 100 mm Hub, 400 mm größter Entfernung zwischen Tischoberfläche und höchster Stösselstellung, 450 · 600 mm Tischgröße und 120 · 240 mm Durchfalloch soll die Normung durchgeführt werden. Das für diese Maschine zulässige Prägestück kann als größte Achsen 120 · 240 · 100 mm aufweisen.

Um jedoch ein Festsetzen der Prägestücke beim Durchfallen auszuschließen, wird nun eine Achsengröße in der wagerechten Ebene von 230 · 110 mm zugelassen. Diese Zahlen sollen nun für kleinere Prägestücke abwärts gestaffelt werden; es ergeben sich für die Längs- und Querachsen geometrische Zahlenreihen mit dem Quotienten 1,5 bzw. 1,75; sie sind in Tafel 26 und abgerundet in Tafel 27 zusammengestellt.

Liegt z. B. ein Prägestück mit den Achsen 130 und 55 mm vor, so gehört es nach Tafel 27 in Gruppe 4 b.

Schnittplatte.

Wie weiter unten folgt, wird die Schnittplatte so befestigt, daß ein Festpressen an den Längsseitenflächen eintritt, wohingegen die Querseitenflächen freiliegen. Hierfür erwies es sich als ausreichend, wenn als geringstes Maß e etwa 25 bis 30 mm und e' etwa 40 mm betrug (Bild 41), so daß an Hand der Tafel 27 die Abmessungen der Schnittplatte festgelegt werden konnten. Die sich ergebenden Werte sind in Tafel 28 zusammengestellt.

Für alle Prägestücke bis 130 mm Breite sind drei verschiedene Werkstoffbreiten notwendig, die in Stangen zu etwa 3 m Länge von den Walzwerken geliefert werden.

Das vorher genannte Prägestück der Gruppe 4 b wird also als Abmessungen der Schnittplatte 230 · 125 mm erforderlich machen.

Tafel 27.
Prägestückabmessungen.

Lfd. Nr.	Längsachse mm	Größte Länge der Querachse		
		mm	mm	mm
1	45			
2	70			
3	100	35	60	110
4	150			
5	230			
Bezeichnung		a	b	c

Tafel 28.
Abmessungen der Schnittplatten.

Lfd. Nr.	Länge mm	Breite			Höhe mm
		mm	mm	mm	
1	125				
2	150				
3	180	95	125	160	25
4	230				
5	310				
Bezeichnung		a	b	c	

Die Schnittplatten werden an den Längsseiten auf 10° abgeschrägt, da diese schrägen Seitenflächen zum Befestigen in den Fußplatten dienen (Bild 43).

Fußplatte.

Um mit einer geringen Anzahl von Fußplatten auszukommen, werden diese so gestaltet, daß ein Austauschen der Schnittplatten möglich ist. Entsprechend den drei Breitenabmessungen der Schnittplatten ergeben sich drei in der Breite verschiedene Fußplatten, jedoch mit der gleichen Länge und Höhe von 330 bzw. 50 mm (Bild 44). Für jede Fußplatte ist das größte erforderliche Durchfalloch grundlegend, da kürzere Schnittplatten durch Brücken verschiedener Ausführung unterstützt werden. Die Abmessungen der einzelnen Fußplatten sind aus Tafel 29 zu ersehen. Die Längsseiten der Fußplatten werden auf 10° geneigt ausgeführt, um ein sicheres Aufpressen auf die Grundplatte zu erzielen. Die Aushobelung von

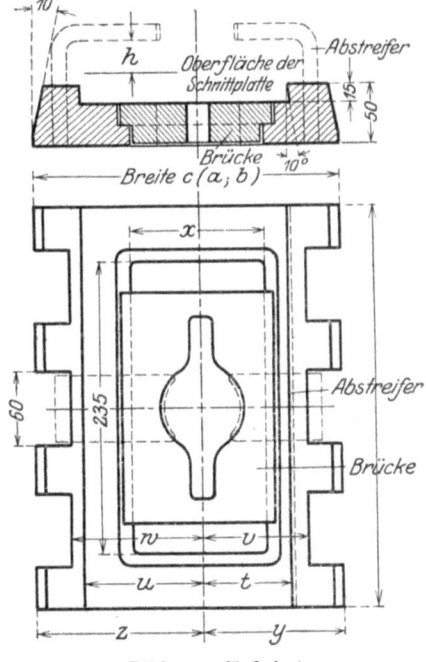

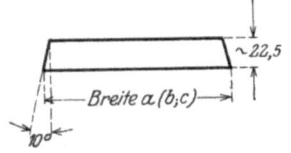

Bild 43. Schnittplatte. Bild 44. Fußplatte.

15 mm Tiefe ist an der einen Seite durch eine schräge Ebene von 10°, an der anderen Seite durch eine senkrechte Ebene begrenzt; in ihr wird die Schnittplatte befestigt.

Tafel 29.
Abmessungen der Fußplatten.

	Breite mm	Länge mm	Abmessungen (mm) für						
			n	t	w	v	x	y	z
a	195	330	67,5	47,5	77,5	57,5	40	87,5	107,5
b	225	330	82,5	62,5	92,5	72,5	65	102,5	122,5
c	260	330	100,0	80	110	90	115	120,0	140,0

Abstreifer.

Die Aussparungen an den Längsseiten der Fußplatten (Abb. 44) zu etwa 60 mm Breite dienen zur Befestigung der Abstreifer, die zu jeder Schnittform passend hergestellt werden müssen. Diese Abstreifer werden einheitlich aus 13 · 60 mm Flacheisen hergestellt und durch 5/8″ Schlüsselschrauben mit der Fußplatte verbunden. Die Höhe (h) des Abstreifers ist so zu wählen, daß das Prägestück bequem durchgeschoben werden kann; hierfür reicht in den meisten Fällen die Höhe des Prägestückes plus 5 mm Zugabe aus. Zwischen Stempel und Abstreifer verbleibt ein Zwischenraum von 0,5 bis 1 mm.

Klemmleiste.

Gleiche Abmessungen für alle Fußplatten erhalten ebenfalls die Klemmleisten. Mit ihnen werden die Schnittplatten auf den Fußplatten befestigt. Die Art der Befestigung ist aus Bild 45 ersichtlich; es werden 3/8″ Kopfschrauben von etwa 35 mm Länge verwendet.

Grundplatte.

Es ist ohne weiteres möglich, die Fußplatte mit der aufgeschraubten Schnittplatte auf den Tisch der Presse durch Spannhügel zu befestigen. Falls jedoch die Presse ausschließlich zum Abgraten benutzt wird, ist eine besondere Grundplatte (Bild 46) vorzuziehen, um ein leichtes und sicheres Aufspannen der Stanzen zu ermöglichen. Während die Grundplatte dauernd auf dem Maschinentisch befestigt bleibt, lassen sich die Stanzen in kurzer Zeit aus- und einspannen. Für die Fußplatten a und b werden Druckleisten als Zwischenlage vorgesehen (Bild 46), um eine weite Verstellung der Druckschrauben der Grundplatten zu vermeiden.

Stempel.

Der Stempel erhält im allgemeinen die Schnittform der Einarbeitung; jedoch treten Fälle auf, in denen hiervon abgewichen werden muß. Dieses ist z. B. der Fall bei der Rundung des Prägestückes nach Bild 42. Es wäre unzweckmäßig, die Schnittkante bis an den äußeren Rand der Schnittplatte zu legen, da die entstehende schwache Schneide nach ganz kurzer Zeit abbrechen würde; eine wagerechte Fläche von etwa 1,0 bis 1,5 mm macht den Stempel lange Zeit gebrauchsfähig. Die Länge des Stempels richtet sich nach den Abmessungen der Presse; sie soll so reichlich bemessen werden, daß ein mehrmaliges Nacharbeiten möglich ist.

Stempelhalter.

Die Befestigung der Stempel geschieht durch Schwalbenschwanz oder Stempelplatte an einem Stempelhalter, der dauernd an der Presse verschraubt bleibt. Durch diesen Stempelhalter wird einerseits der Stempel kürzer, sodaß an Werkzeugstahl erheblich gespart wird, und anderseits ergibt sich der bedeutende Vorteil, daß die Form der Stempel auf Wagerechtstoßmaschinen vollständig ausgehobelt werden kann. Der Stempelhalter

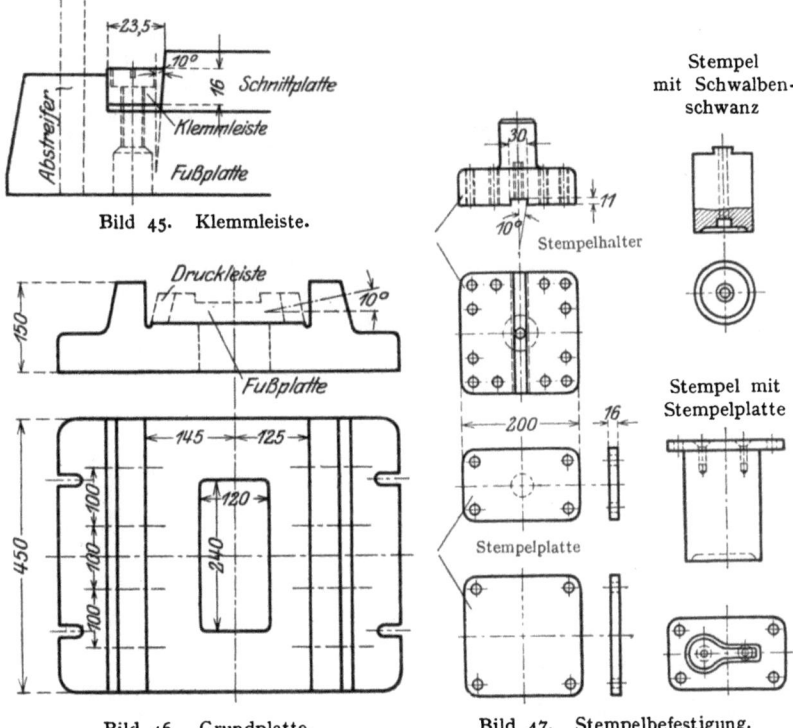

Bild 45. Klemmleiste.

Bild 46. Grundplatte.

Bild 47. Stempelbefestigung.

besteht aus gewöhnlichem Flußeisen. Die Schwalbenschwanzbefestigung ist für die Stempel verwendbar, deren Grundrisse ungefähr gleiche Längen für Längs- und Querachse aufweisen. Ein Verschieben der Stempel in der Schwalbenschwanznut wird durch eine Schraube verhindert (Bild 47).

Die übrigen Bohrungen in dem Stempelhalter sind so einzuordnen, daß sowohl genormte rechteckige als auch quadratische Platten verwendet werden können; durch versenkte Schrauben werden Stempel und Stempelplatte miteinander verbunden (Bild 47).

Halb offene und offene Stanzen.
Schnittplatte.

Die Abmessungen der Werkstoffe bleiben die gleichen, wie für die geschlossenen Stanzen; die Längsseitenflächen werden jedoch rechtwinkelig gehobelt, da diese Schnittplatte durch versenkte Schrauben auf der Grundplatte befestigt werden muß (Bild 48).

Fußplatte.

Die unmittelbare Verschraubung der Schnittplatten mit den Fußplatten bei den halboffenen und offenen Stanzen macht es erforderlich, daß für jede Schnittplatte eine besondere Fußplatte hergestellt werden muß, die sich aber in bezug auf die Breitenabmessungen, die Abschrägung der Längsseiten, die Aussparung der Abstreifer und die Aufspannung in der Grundplatte nicht von den Fußplatten der geschlossenen Stanzen unterscheidet. Die Höhe dagegen ist von dem Prägestück abhängig zu machen (Bild 48).

Es ergibt sich die Höhe:

$$H = h_1 + h_2 + 45 \text{ (mm)}$$

Die Höhe h_1 richtet sich nach der Höhe des abgegrateten Prägestückes, das durch diese Ausarbeitung fortgezogen wird; damit dies ohne Klemmen vor sich geht, wird zweckmäßig eine Zugabe von 5 mm angenommen.

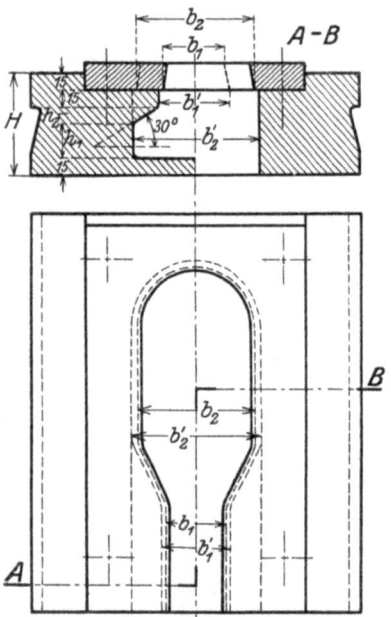

Bild 48. Halboffene Abgratstanze.

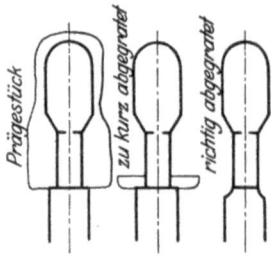

Bild 49. Bestimmung der Schnittplattenlänge.

Die Höhe h_2 dagegen ist abhängig von den Breiten b'_1 und b'_2; um ein freies Durchfallen des abgegrateten Stückes zu ermöglichen, wird gewählt:

$$b'_1 = b_1 + 4 \text{ mm},$$
$$b'_2 = b_2 + 4 \text{ mm}.$$

Bei der Länge der Schnittplatte ist ein wesentlicher Punkt zu berücksichtigen. Das Prägestück kommt mit einer bestimmten Länge aus dem Gesenk heraus und besitzt in der geprägten Länge Grat. Ist die Schnittplatte zu kurz bemessen, so wird nach dem Abgraten etwas Grat stehen bleiben (Bild 49), der beim Ausstrecken des ungeprägten Teiles unter dem Dampf- oder Lufthammer Quetschfalten bildet. Diese sind unmittelbar nach dem Schmieden nicht sichtbar, können aber durch Beizen sichtbar gemacht werden. Um diese Falten zu vermeiden, ist die Länge der Schnittplatten so zu bemessen, daß von dem ungeprägten Teil etwa 3 bis 5 mm abgenommen werden, wodurch ein einwandfreies späteres Bearbeiten unter Dampf- und Lufthammer möglich wird.

Die Ausbildung und Befestigung der Stempel bleibt die gleiche, wie bei den geschlossenen Stanzen.

Verwendung der Abgratstanzen.

Der in dem Stempelhalter in der Presse befestigte Stempel wird so weit heruntergelassen, daß der Stempel mit der Schnittplatte schnäbelt, worauf diese genau gerichtet und befestigt wird. Der Hub des Stempels ist so einzustellen, daß der Stempel in seiner tiefsten Lage etwa 0,5 bis 1 mm in die Schnittplatte hineinragt. Während des Gebrauches sind Stempel und Schnittplatte häufig mit Öl zu bestreichen, um einerseits die zwischen beiden Teilen auftretenden Reibungen zu vermindern und anderseits beim Warmabgraten beide Teile zu kühlen. Rechtzeitiges Nacharbeiten der stumpfen Stanzen ist anzuraten, damit die Lebensdauer recht hoch bleibt.

MIX
Papier aus verantwortungsvollen Quellen
Paper from responsible sources
FSC® C105338

If you have any concerns about our products,
you can contact us on
ProductSafety@springernature.com

In case Publisher is established outside the EU,
the EU authorized representative is:
**Springer Nature Customer Service Center GmbH
Europaplatz 3, 69115 Heidelberg, Germany**

Printed by Libri Plureos GmbH
in Hamburg, Germany